中国服装画

下

张志春
王玲
编著

陕西新华出版传媒集团
陕西人民美术出版社

图书在版编目(CIP)数据

中国服装画 : 上、下 / 张志春，王玲编著. -- 西安 : 陕西人民美术出版社，2020.12
ISBN 978-7-5368-3704-1

Ⅰ. ①中… Ⅱ. ①张… ②王… Ⅲ. ①服装一历史一中国一图集 Ⅳ. ①TS941-092

中国版本图书馆CIP数据核字(2021)第000890号

ZHONGGUO FUZHUANGHUA

中国服装画（上下）

作　　者　张志春　王　玲　编著
出版发行　陕西新华出版传媒集团
　　　　　陕西人民美术出版社
经　　销　新华书店
地　　址　陕西省西安市登高路1388号
邮　　编　710061
印　　刷　西安牵井印务有限公司
开　　本　720mm×1000mm　1/16
印　　张　25.125
字　　数　173千字
版　　次　2020年12月第1版
印　　次　2021年3月第1次印刷
书　　号　ISBN 978-7-5368-3704-1
定　　价　128.00元

走向大众走向艺术的服饰言说

——中国服装画近现代部分

服装画的变革，到了近代，除却绘画本身的演变轨迹外，最重要的还是受社会变革的影响。辛亥革命后，冠冕服制被废除，仅仅具有图典意义的服装画失去了依存的价值，而多重艺术形式借助于服饰这一意象茁壮成长起来。或设计新款式，或窥测潜隐服饰心理，或褒贬种种服饰人格……揭示服饰多重人文价值的服装画以各种形式不断涌现，不仅拓展了中国服装画的领域，成就了中国服装画的辉煌时期，而且也为中国美术史增添了一个浓墨重彩的篇章，构成了中国服装画。

现代意味的服装画，即旨在引导时尚潮流，推崇理想人体和创新款式的服装画。这里既有脉络清晰的历史性演进，也有沧海横流的共时性振荡。

在新旧交替的时代，首先是服装画的天地被颠覆了。关注点与重心不再是官员系统的图像叙述，以及细节点滴的微言大义，而是以更宽阔的视野开始扫描街头村口的平民百姓的服装新貌。而最先亮相的是吴友如、郭建英的时装仕女图。在这里，我以为，一向为人们所漠视或者说评价不高的吴友如服装画尤其值得关注。他所画的时装仕女与其说是民俗画，不如说是将人体与衣装融为一体的、新感觉新视野下的服装画。他画市井人物，画风尘女子，着意于人体与服装，似有着一定的自觉意识。女作家张爱玲1946年版的增订本《传奇》的封面上是一个晚清女人在独自玩骨牌，旁边坐着抱小孩的奶妈。张说此封面所用图画是“代用了晚清的一张时装仕女图”，即吴友如的服装画。有学者如此评价吴友如的时装仕女图：“西洋焦点透视技法的引进，使得绘画的光感立体性、细节性的叙述成为可能……画家的表意性身份隐匿了，绘画的叙事性取代了抒情性。这种笔法不论于中国绘画艺术的转型，或是于近代媒体图像叙事的揭幕，均具有革命性的意义。”向后看，吴的服饰画对日后海派服装画产生了原型性影响；向前看，我们在阅读他的绘画时，切不可忘记了李渔“服饰新说”的表达和影响。此后，如叶灵凤“用线勾、平涂的传统仕女画技法，展示民国初年女子流行的服式、发式等。既有传统的细腻平涂，又有电影特定的透视笔法穿插其间……她致力于渲染女子从脸部到衣饰的关键细节：大波浪鬈发、流线型旗袍、熠熠的头饰衣饰、标准美女的脸部造型……”图像叙述意在推销时尚。再如读经济出身、任职于银行、海派文艺圈的客串者郭建英，他的简笔画也透露出新时代的气息。画中的女子，都是20世纪30年代最摩登的女子，她们健康、活泼、性感，烫着鬈发，穿着旗袍和高跟鞋，有着鳗鱼似的身体和居高临下的自信姿态。这些特征都充分表现了新时代人们对于人体美的理解与欣赏，以及这个时代的女性所具有的自信从容。1934年，郭建英以漫画的方式，将他主编的《妇人画报》打造成时尚刊物，其境界与月份牌画几无二致。

其次，在新旧交替、“西风东渐”的格局下，服装画逐渐先天下之声，引领街头时尚潮流，并进一步具体绘制设计服装的新款式、新图样。这一领域的代表便是月份牌画和服装设计画。月份牌画是市井渗透性和影响力最为成功的服装画，其余波至今仍在荡漾。

从月份牌画描绘的内容可以看出，画面上的时装人物，全是光彩照人的现代女性。她们身着时尚的服装，不同于《捣练图》《虢国夫人游春图》《挥扇仕女图》《簪花仕女图》等传统中国画中的宫廷贵妇和宫女们的柔弱形态，也不同于《三礼图》《三才图会》等描绘的古代命妇后妃的呆板形象，而是典型的、富有时代特色的女性形象。传统中国画中的女性虽衣着艳丽，装束时尚，但不苟言笑、面无表情。而月份牌画中的女性则不同，她们穿着最流行的时装：改良的旗袍，西化的连衣裙、丝袜、毛皮大衣；用最新潮的物品：电话、电炉、钢琴、话筒、唱片……有最时髦的消遣：打高尔夫球、抽烟、骑马、游泳……一切在当时看来十分新鲜的事物都在她们身上得以体现，她们的衣着、姿态，甚至微笑都展现了一种全新的形象。

受西方服饰文化的影响，此时所绘人物不再是遮蔽体型与线条，而是准确写实，且有意突出描绘着装者体态的轮廓与线条；服装不再是平面展开的传统模式，而是以人体为本的曲面软雕塑。这不只成功地导致了新旗袍的建构，而且确立了新的体态美的模式与标准，从而较有深度地引导时装的新潮流。中国的服装观念与世界初步接轨，人们对于着装开始具有真正的现代意识。虽然此后因种种缘由导致这一努力有所断裂，但在新时期时装潮几十年的波澜起伏后，我们仍觉得这个时期的服装画是那么的准确与唯美，令人流连。它不只绘制出了女性的美姿美态，而且从乐观健康之美的视角出发，在不同层面上展示了女性职业、女性生活新风貌，特别是此前文献图典未曾记录过的各种体育娱乐活动。在这里，服装不再是政治伦理的图解式符号。月份牌画充分地展现了当时顺应潮流的穿衣时尚，无论是中式的服装还是西化的时装，把当时的女性从头到脚，从发型、首饰到皮包、高跟鞋，无一不逼真地记录了下来，为当代的画家、民俗家、设计师、社会学家提供了珍贵的历史资料。通过这些服装画，我们真切地感受到代表那个特别年代的一种都市女性的服饰情感。此时的服装画已经具有艺术的成分，从其被命名为“画”即可看出，它们不是简单的图说，而是经过艺术加工的服装绘画作品。虽然它们的初衷是为宣传产品服务的，但画面的主体却是身着时尚服装的女性，画面中的商品处于画面边缘甚至淡到若有若无的位置。从这一意义上说，它们就是服装画。

再来看叶浅予等人的时装设计画。如果说月份牌画更多的是从纯绘画中汲取营养的话，那么，叶浅予、万籁鸣、万古蟾、李珊菲等画家描绘的服装设计图则越来越多地注重设计意图的表达。因此，他们的服装画必然介于绘画思潮与设计艺术之间，从形式和内容上受到二者的影响。与以往画家不同的是，上述的这些艺术家不仅是画家，也是极具创造力的服装设计师。他们的作品被大量地刊登在期刊画报上，对服饰的传播和交流产生了很大的影响。

如《上海画报》1927 年 12 月刊有叶浅予的《旗袍之变迁》，1928 年 2 月刊有叶的另一幅作品《东西渐近之妇女服装》等，都敏锐地捕捉到民国时期服装中“中西合璧”与“中西趋同”的特点，并把他的设计通过绘画的形式传播开来。这正和 20 世纪 30 年代前后“西风东渐”潮流愈演愈烈的社会环境相一致。

方雪鸪身为《美术杂志》的主编，在《美术杂志》上辟有时装专栏，定期发表自己设计的时装作品和撰写的时装评论。如在 1934 年他连续发表了十余款中西合璧的女装设计图。切合腰身的旗袍，使体态愈发婀娜多姿的高跟皮鞋，以及各种各样的皮大衣等，都成为他设计的主题。

李珊菲是活跃于民国时期的上海女画家，《北洋画报》曾在20世纪20年代末期连续发表过她设计的新式服装效果图。她设计的改良旗袍，款式新潮、洋化而富于变化。她设计的大衣，以西式服装造型为蓝本，糅合了中式服装的一些特点而更见新意、更符合人们的审美趣味，在中外时尚交流及其传播的层次上也更高一筹。

万氏兄弟万籁鸣、万古蟾、万超尘和万涤寰四人在美术方面有共同的爱好，是中国动画片的鼻祖，作品《铁扇公主》《大闹天宫》深受人们欢迎。他们凭借扎实的艺术功底和独特的感悟力，在早年的艺术生涯中创造了大量的服装画作品，从他们的作品中可以看到保尔·波阿莱的“陀螺裙”的意象。从绘画风格来看，他们深受19世纪末期到20世纪初期新艺术运动的影响，作品充满了装饰意味，很容易让人联想起同一时期西方时装画大师艾德的作品。

而早被学界淡忘了的张竞生服装画的意义更厚重、更伟大。他所绘制的服装画虽借鉴于欧美，能否付诸践行另当别论，但他是怀着改造中国，以美、以服装重铸中国形象的目的来绘制服装新图的。或者说，他是站在以美救国、以服装救国的立场来斟酌服装画的。他认为：“美的服装不是表示在衣服上，而是衬托出穿者美丽的身材。”显然，这是与传统服饰以衣为本的观念对着干的冲击性宣言，是以人为本原则的从容言说。

再次是重构国家新礼服体系的服装画。传统的冕服体系解体了，但新的礼服体系还需建设。1912年，中华民国元年，第一个服饰法令《服制案》迅即颁布。与传统法典迥异的是，它着眼于全民的服饰，而不只局限于官员一隅；就官员而言，着装意在平等，而无细枝末节的等级辨异；所选款式的资源并非限于中华一隅，诸多洋服款式亦堂堂正正纳入礼服体系之中。

后又在短时期内不断颁布新条例，或为不同行业着装精心设计，或对前述服制不断斟酌与调整。比如，1929 年的《服制条例》便在着装立场上有较大转变，如废除了直接拿来做礼服的舶来品燕尾服，而又在一定意义上回归与认同传统，以袍服和马褂为礼服。

而值得注意的是，1942 年汪伪政权在服装画上也有所动作，妄图以其对国民服饰的强势介入增加其政权的合法性和影响力。

第四，便是服装漫画的诞生与发展。代表性人物有张爱玲、丰子恺和丁聪等。当服装画摆脱了法典式绘画的庄严与单调之后，便有了自由放飞的可能与空间。于是乎，以服装为话题的漫画便应运而生。漫画是一种艺术形式，是用简单而夸张的手法来描绘生活或时事的图画。一般运用变形、比喻、象征、暗示、影射的方法，构成幽默诙谐的画面或系列图谱，以取得讽刺或幽默的效果。应该说，服装漫画是漫画在内容上向服装的关注，又是服装画在形式上向漫画的漫溢。这便形成了一种跨界的宁馨儿。于是乎，自近代以来中国服装画的一支异军突然崛起。这类作品借服装来反映世态人心，将有价值的东西毁灭给人看，将无价值的东西撕破给人看，以放大夸张式的思维和笔触创作出令人怦然心动或忍俊不禁的画图。

张爱玲文学作品中的插图多是漫画中的服饰。张爱玲对服装可谓一往情深。既有为己为友着装策划与制作的设计意识，又有自己着装引领时尚的在场性情景；既有对自己着装照片的深层解读，又有作为小说散文文本的互动式语境的意象塑造。这就不难理解，从《传奇》到《流言》，张爱玲的两本重要作品的封面，都是在服装画上做文章。前者设计主体直接移用吴友如的一幅画，而《流言》则只画了一个穿着晚清大袄的“古装仕女”，长发披肩，未画五官，却醒目地凸显着装饰性的衣着：纯色绸缎长袄的领口和袖边盘着深色云头，卷起一波旋转纹的浪花。古装与没有五官的脸庞，具象与抽象的组合，渗透着张爱玲对服装的深刻解读。她认为服饰是一种自由的表达，有时也可能是一种空洞无聊的表达。她的服装插图不是文字的附属，而是有着独立和自觉的意味，是一种独立的叙述方式，如《曹七巧》，如《红玫瑰王娇蕊》。画面黑白对比强烈，视觉冲击力强。她的服装插画受到同一时期西方绘画的影响，极具装饰性。她的服装画与她的文章相得益彰，在不同语境的冲撞中凸显出她对服饰的独特感受。

相对于张爱玲文献插图的浪漫随意或图文互释，丰子恺和丁聪的系列服装漫画则以绘画为本体，满足创作自足的目的。丰子恺的漫画作品《某父子》《贫女如花只镜知》《阿宝赤膊》《小妹妹的疑问》《勤俭持家》等，构图取法生活，以褒贬分明的意态与现实对话，率性大气而童趣盎然，简洁明快而意味深长。他能从身边或街头迅捷地捕捉服饰意态及其所能传导的多向度意味，不只以简洁的构图呈现出世俗服装风貌，更以传神的线条将服饰的深层意味缓缓勾出。丁聪的漫画秉承乃父画笔而青出于蓝，看似述而不作，实乃温故而知新，以历时性的目光洞穿服饰在人生中的丰厚积淀。他的一系列服装漫画如《我不见了》《亮新裙》《轻薄红裤》《热死我》等看似图说古典，含蓄内敛，实以工笔之形而传导时俗，以穿透历史的目光与现实对话，苍茫高古，耐人寻味。

从某种角度来说，时下轰轰烈烈的动漫服饰创制，即是这一思维传统的延续和发展。服饰漫画与动漫服饰，是一个全新的且有着多向度发展的文化艺术领域。

第五，服装画在当代发展过程中，因受服装摄影等新图像叙述的冲击，以及社会动荡的影响，逐渐在服饰图像叙述中由中心向边缘，由多样向单一，似慢慢令人遗憾地缩为服饰制作工艺图了。

当服装画以自由的姿态向艺术各个领域渗透与辐射的时候，就不能不提到时装摄影。虽然笔者不准备选择这方面的图谱，但它仍对当代服装画发展产生了重要的影响。因而，服装摄影作为一种推不掉的文化背景，值得言说。众所周知，20 世纪上半叶是中国报刊纷起的时代。在新时代的都市，人们对服装时尚充满热望，时刊、画报都以刊登服装设计图为亮点。中外服饰潮流借此得以碰撞与交流。20 世纪 30 年代，时装摄影作为时装画的一支异军，就在这一背景中后来居上，脱颖而出。随着摄影技术日趋成熟，国内各种传播服饰时尚的期刊不断呈现服装摄影作品。如《美术杂志》1934 年第 2 期刊登了影星胡蝶带有一丝旗袍意味的西式晚装照片，真可谓人面服饰相映红。《美术生活》1935 年第 20 期刊登了杨秀琼的照片，她的现代泳装前卫时髦，是当时最流行的两段式泳装，代表了 30 年代国际泳装的新时尚。正因摄影技术的出现和发展，它以光线勾勒物象，使得服装多向度的质感与细微的节点免于被湮没并得以被记录，得以留存。于是，时装摄影这种依托光影技术所形成的服装画，催促着一种新的阅读心理和文化审美观渐次萌生。人工手绘的服装画受到了巨大的冲击，开始从时装杂志的主要位置上隐退下来。

究其原因，是摄影与摄像技术的快速发展，以及这种展示与传播途径的多样发展。照片中形象传神、几近逼真的画面感、生命感与绘画技术层面的色彩感、线条感、画面感相比，人工手绘逊色不少，这使得静态平面文本深层阅读的模式受到冲击。全世界的时装摄影因此而冲刷扫荡了时装画领域，这或许就是“形象大于思想”的典型例证。多样性特征是生物界发展繁荣的基础和标志，艺术领域也是这样。

可以说，中国服装画本已走出一条路子，创出了绘画的一种新品种。然而历史没有单行道。1949 年后，服饰的主流话语是高度褒扬功能性而贬损时尚美饰性，服装画遂进入淡季；到了 20 世纪六七十年代，服装画更因污名化而荡然无存了。在改革开放初期服饰画枯木逢春，出现了短暂的繁荣之后，又近乎从多样性缩为单一，回归到工具技术层面，成为服装教育打版制作的基础性内容。这当然是令人惋惜的，但同时也潜藏着一个时代的期待。然而就在这样的境遇中，服装画仍取得了一定的进步。在服装教育与设计领域里以刘元风和邹游为代表。刘元风的服装画虽躯干部分与一般人体比例基本一致，但因多舞蹈、武术的影响而夸张拉长了四肢部分。从服装整体上看，其服装的艺术效果更加醒目，更加富于理想化。而邹游在认知与践行中自觉地将服装画分成时装画与时装效果图，它们之间唯一不同的是前者更注重烘托气氛，表现感觉，更具有艺术观赏性。而时装效果图在功能性上更胜于时装画，除了具有观赏性，还要充分地表达设计结构，模拟服装衣着的效果。

综上所述，中国服装画有着特殊而悠久的发展历程，不同阶段的时装画对整个社会的影响力之大，若不深入接触与研究是很难想象的。人们总喜欢说中国是衣冠古国，岂不知在这衣冠古国的形象塑造中，服装画起到了多么重要的作用。说经典也好，精彩也好，或者从负面角度评价也好，总之不能绕过服装画在中国历史上的功能，特别是在古代与近现代。

近代以来的服装画更直观地显现出中国服装整体转型后的新风貌。这期间既受“欧风美雨”的影响，又体现了自身发展的诉求，即由多遮蔽而逐渐变为多裸露，由单纯的衣服线条感转换为衣身合一的线条感；流行的款式也由宽大变得日益贴身，腰际线越来越明显，使得身体的曲线日益显露，服饰的观赏度逐渐大于它的舒适度。中国近现代史在此类服装画的图像叙事中显得更为深刻而活泼，中国人的文化心态在图画中有着别开生面的揭示与解读。展望未来，我们感觉到，服装画创作者需要具备天才式的才气和胆略，需要有足够的底气和前行的毅力，方可承上启下。即便是下坡路，也要走下去，不要让从远古而来的中国服装画站在高高的断崖边，望尽悠悠天涯路。

五、近现代民俗风情绘中的服装

《北京民间风俗百图》

《北京民间风俗百图》收录了北京地区民间习俗风貌图一百幅，为清代北京民间艺人所绘。每幅图下，都附有对原书手稿标点校订后的解读文字。

这是一部珍贵的资料画本。其历史与艺术价值并存，图画释文并茂，可用于了解和研究北京民俗。它主要反映了清代末期同治、光绪年间之世相，各地人民汇聚北京，或以工商为业，或以卖艺为业。来者愈多，文化生活愈加多样，即形成“风俗画”。其中涉及数幅旨在描绘清末服饰的服装画，从中可以窥探到清末社会之人文心态及风俗百态。此时处于清封建王朝的末路，中西文化交流之门早已打开，但在北京这一帝国中心，我们仍能看到千百年来衣冠古国厚重的文化积淀。

在这里，我们似乎还并未看到那些意欲展示形体线条的时髦衣着款式，以及对新颖配饰的自觉追求，即人的自觉意识仍未强烈地凸现出来。有的仍是串走胡同、手持“换头”的剃头匠，身着“裤角甚肥，有尺余”的广东妇人，以及“身穿补服，顶挂朝珠”“手拿烟袋”的汉官太太，可谓是“京味”十足。与这一时期跳动着时尚青春脉搏的沿海城市相比，北京城中的百姓凝练持重的衣着打扮便呈现出不同的风情和文化形态。图注选录原图说

其人挑担游于街市之间，手执“换头”，串走胡同，每到大街，将挑放地，等来往之人刮脸、打辫子、剃头，方便之至。

图 5-1 剃头图

其人来京，多有广东宅门为仆。夏令穿着凉绸衣服，裤角甚肥，有尺余。不缠足，穿尖鞋，衣服齐整无比也。

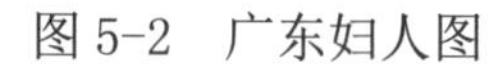

图 5-2　广东妇人图

其人由花市买来，沿街而卖，吆呼：“石榴花，剪样挑卖。”住户妇人所用。

图 5-3　妇人卖花图

此中国汉官太太之图也，皆因应酬繁杂，身穿补服，顶挂朝珠，相似出门之状，彼此往来拜贺起见，手拿烟袋，暇时歇息也。

图 5-4　汉官太太图

此中国卖小鞋之图也。多系四乡之人，做大小幼童之鞋数双，在花市或土地庙设一地摊而卖。买者取其方便价廉而已。

图 5-5　卖小鞋图

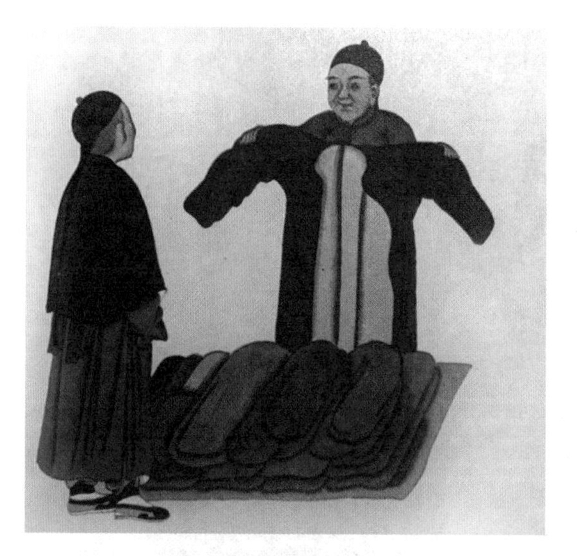

其估衣俱系穿旧，自当铺或小市各处买得，四季单、夹、皮、棉、纱，各色衣服，在街市设摊售卖。

图 5-6 买估衣图

此中国卖零绸子之图也。其人在各处买来各色零绸，至集庙之中旧地铺包袱上摆各材料，每块可做可使用，其价若干，随口便讲，令人好买。

图 5-7 卖零绸子图

冬令多有四乡人来京做此生业，沿街吆呼鞋垫毡垫耳抖帽，可混一冬衣食也。

图 5-8 卖鞋垫毡垫图

《海上百艳图》

作者吴友如（？－1894），初名嘉猷，别署猷。清末元和（今江苏吴县）人，著名海派画家。清光绪十年（1884）在上海主绘《点石斋画报》。光绪十六年（1890）独资创办《飞影阁画报》，该刊形式与《点石斋画报》类似，但内容着意于仕女人物，新闻则偏于闾巷传闻。

《点石斋画报》于1884年创刊，作为中国近代最早的石印画报，随《申报》发行赠送，每旬一期，由吴友如等人执笔绘图。

作为中国上下五千年第一位用写实手法绘画的新闻画家，吴友如近水楼台先得月。因为从事采访工作，他有机会出入于朝堂上下、海关内外和城乡之间，有机会交往朝政大员，多识洋人洋货，目睹许许多多的奇人异事，闻听许许多多的街巷传言。当然，更重要的是，作为清朝末代的中国画家，他最先接触到由洋人引进的石版印刷和珂罗版印刷，并且在这些印刷品制作程序中领略照相机写实还原般的快感。翻开西方现代艺术史，无独有偶，一些与吴友如同时代的西方画家正投身于世界性的现实主义思潮，讲求绘画完全根植于对现实生活的观察，寻求画面的真实性，主张用立体的绘画来模拟普通日常生活中伸手可得的那些平凡的东西。中国画千年来一直是散点透视，平面造型。吴友如在继承传统的同时把学习的目光投向国外，接受西方的透视画法与光影造型手段。在吴友如描绘生活中人物、事件的那些画中，我们可以明显看出他娴熟地运用了透视原理与光影立体描绘技法。

我们若换个思维角度，从其对人体、对细节的写实描摹中，似可看出，他的画与其说是民俗画，不如说是在将人体与衣装融二为一的新感觉、新视野下的服装画。他画市井人物，画风尘女子，着意于人体与服装，似有着一定的自觉意识。他使用西洋焦点透视技法，使绘画的光感、立体性、细节性的叙述成为可能。正如学界对他的评价："画家个人的表意性身份隐匿了，绘画的叙事性取代了抒情性。"无论他是画洋装女子的"粲粲衣服"，还是画旗装女子的"北地胭脂"，抑或是画日本女子的"颦效东施"，都与那些高髻垂云、裙裾曳地的传统中国仕女迥然不同，她们都是以现实社会为背景的时装达人。

从中国绘画史来看，这种笔法不论从中国绘画艺术的转型，或是从近代媒体图像叙事的揭幕之角度，均具有革命性的意义。吴友如的服装画对日后的海派服装画产生了直接影响。图注为编著者所添加。

女子们倚在香妃榻上抽烟的情景。

图 5-9　吹气如兰

新娘披云肩。因当时流行低垂发髻，恐衣服肩部被发髻油腻玷污，故多披云肩。

图 5-10　驰誉红菱

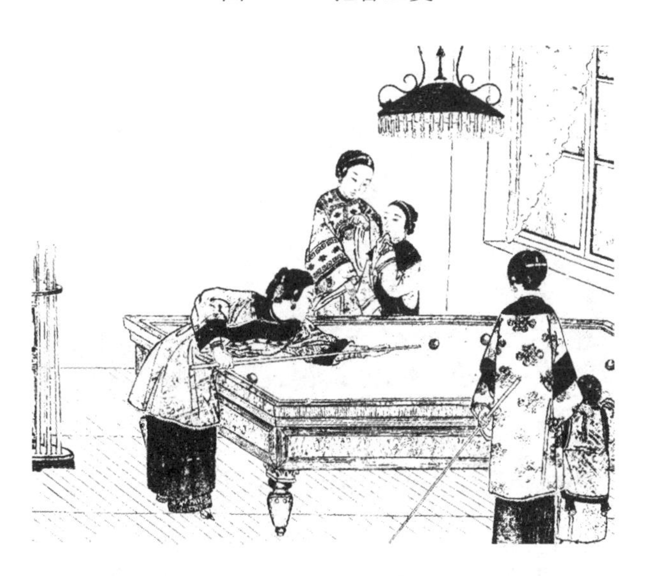

女子打台球，这是当时流行的一种生活方式。

图 5-11　明眸皓腕

此时摄影技术已传入，西式背景与中式人物的结合留下美丽的记忆。

图 5-12　我见犹怜

画中花园里的两部童车，一是三轮铁木结构的，另一是四轮藤篮结构的，上面都有遮阳篷。两位少妇各自推着，表现出的正是风和日丽下的怡怡之乐。

图 5-13　教之乘车

画中贵族女子围坐在长圆桌前准备进餐。家具都是西式的，有壁炉，有吊灯，桌上还放着洋酒瓶。《淞南梦影录》称其“装饰之华丽，伺应之周到，几欲驾苏馆、津馆而上之”“裙屐少年往往异味争尝”。

图 5-14　别饶风味

画中一女子靠在凉榻上拉风琴。风琴作为自娱自乐的乐器，在大户人家已不是稀罕之物。

图 5-15　韵叶熏风

画中女子正在对镜梳妆盘绾发髻。此画呈现了当时不同身份的女子的服饰及发型样貌。

图 5-16　鬓发如云

画中街景完全是西洋的。路边是低矮的西式镂空墙，墙后花树丛中是西式的楼房，几个女子撑着或拿着洋伞在散步。

图 5-17　步履寻幽

画中描绘了梳宝髻发式女子正在插戴发饰，此形象展示了当时女子发型发饰风尚。

图 5-18　香簪宝髻

当时，女子出门除坐轿子外，坐黄包车或四轮马车也已相当普遍。清光绪五年 (1879) 姚觐元在《弓斋日记》中记道：“乘马车剽疾而不适意，东洋车以人代曳疾驰，稳而价廉，处处皆有。”

图 5-19　有女同车

图中三个女子均盘发髻，其中一小侍女为女主人对镜着衣衫，整理妆容，全然一幅生活中常见的装扮画面。

图 5-20　云想衣裳

几位头戴眉勒的女子专注地选看珠翠首饰，并相互试戴。此画描绘了生动的店铺一角，时尚随处可见。

图 5-21　珠围翠绕

画中为女子梳妆打扮的生活场景，对镜观望发型妆容仪态，自是女子爱美的形象写照。

图 5-22　古镜照神

图中为妇女与孩童常见的着装发式，其中一女子正用缝纫机缝制衣服。

图 5-23　媲美夜来

一着古装女子斜坐于古琴旁，与梳双髻女子交流琴艺。

图 5-24　古处衣冠

画中两位着旗装梳旗头女子手拿团扇相对而语，旁侧女子汉族装束，其一手中握伞，另一在竹旁观望。

图 5-25　北地胭脂

早期的中西方服饰碰撞。画中惊艳的西装女子礼帽洋裙，引得着汉服女子侧目而视。是好奇，蔑视，羡慕，抑或兼而有之？

图 5-26　粲粲衣服

画中女子身穿和服。虽通常不会穿西服、和服上街，但奇装异服却唤起了她们对时尚的热望。画中标新立异的衣饰格局，如头梳东洋髻、身穿高领窄袖长袄素长裙，与贬损性标题，构成了别有意味的服饰观。

图 5-27　颦效东施

《图画日报》

《图画日报》于 1909 年 8 月 16 日在上海创刊，每日一刊，到 1910 年 8 月停刊，中间共出版了 404 期。《图画日报》以图文并茂的形式关注时事与社会，反映社会热点问题，并以传播新知识、新风尚为己任，其文字及图像均具有较强的史料性。

《图画日报》每期固定 12 页，用油光纸石印，也有一部分是用连史纸印制的，共设有 12 个栏目，初创时的栏目大多与时事新闻和社会问题有关，十分贴近时代及社会生活。主要画师有孙兰荪、张树培（松云）、刘纯、朱承魁、童爱楼、伯良、秉锋、韫方女史等，是一群活跃在文艺报刊上的“快枪手”。《图画日报》中的《营业写真》栏目用图画和竹枝词配合的方式描绘民间百行百业，十分传神，还有着关注时尚、呈现服装的纪实意义，也留下了一批难能可贵的服装画资料。图注或综合原图说明，或由编著者添加。

昔日传统的“父母之命，媒妁之言”，到半自由的婚姻，再到近日全自由式的西式婚礼。

图 5-28　婚礼之变迁

文明女鞋乃出现，大大小小尽挑拣，若是无钱还好欠。中国女子向称好针线，哪晓近来世风变，鞋子不做只贪便，不管这般懒惰人轻贱。

图 5-29　卖女鞋

皮鞋本是外国货，近来中国也会做。底坚面韧最耐穿，天好雨落皆得过。天官履，学士鞋，不及西鞋制法佳。无怪官场近日无威视，进步难求暗怆怀。

图 5-30　做皮鞋

雪衣服者日显，上流社会鄙视之。雪衣遭鄙视之原因：下流社会衣；外国大衣何以如此盛行：西人所服。衣大衣取其暖，衣雪衣取其脱者之便。不必学西人，不必鄙视下流社会。

图 5-31 外国大衣与雪衣之比较

冬令喜用围巾之习始于西女，中国妇女纷纷效仿。其制不一，有作披肩式，有作三角式，皆以绒线结成。而以鸡毛作长须悬挂颈间，风吹毛动，极具飘逸之姿。

图 5-32 妇女冬令喜用围巾之飘逸

男子于冬令喜穿靴子已有，近来妇女自十月以来亦有竞穿靴子者。此风胜于北市，以天足盛行为故，并刚健婀娜为一身。不见弓鞋俏，信步游行妙。喜不必鬟扶，笑无须郎抱。摆摆又摇摇，出尽风头。

图 5-33　妇女冬令穿靴子之矫健

斗篷一物最御寒，故男女皆乐用之。近日沪上妓女尤喜以艳色花缎或纱为面，洋灰鼠或洋狐等为里制作斗篷，于寒夜衣以出局，令人见之，觉古人衣貂裘夜走胭脂坡。

图 5-34　妓女寒夜出局身衣斗篷之艳丽

新的时尚不在乎真与假，而着意于视觉形象，讲究的是新颖不新颖，美观不美观。

图 5-35　做假头发图

女子的身份地位有所改变，从而有了更多的外出机会，时尚思潮亦会影响她们，着新装戴新帽。

图 5-36　女界之过去、现在、将来

传统“人之肌肤受之父母，不敢损毁”观念早已边缘化，新时代个体的美观已成为时尚。图绘上海社会现象之男女竞镶金牙一景。

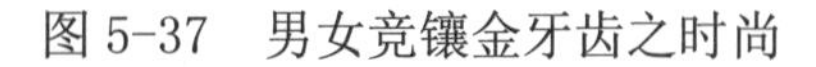

图 5-37　男女竞镶金牙齿之时尚

依传统说，“士冠庶人巾”，帽子岂是平民老百姓可以随意戴的？然时过境迁，服饰的规则全然刷新，甚至达到无治的状态。于是乎不管张三、李四、王麻子，只要兴之所至，便在头上捂上一顶。上海街头男子时兴戴尖头小帽，如此奇形相对于传统方正冠冕，可谓低调，亦是亲切随意。就款式而言，或是衬帽的延伸，内帽外戴的创意，或与巾相似，潜意识仍在平民境界。

图 5-38　社会竞戴尖头小帽

以珍珠串成项圈为妇女之胸前饰物，此风尚自三年前始，而今更为盛行，凡妇女装扮皆以此为尚。

图 5-39　妇女竞戴珍珠项圈之妩媚

眼镜古来之为用，或助以近视，或校以散光，或疲惫之养眼，或炎症之消减。而此时此刻，金丝眼镜的佩戴竟成美饰，或是大开眼界远渡重洋的标志，或是识文断字满腹经纶之符号。播衍而去，遂成街头巷尾彼此炫耀的时髦行为。

图 5-40　妇女竞戴金丝眼镜之时髦

马甲一名背心，也称领衣，即古时半臂的延伸。古时妇女穿此服者为婢女，故戏剧中凡演婢女，必衣此服。即以沪上而论，前数年亦唯娘姨大姐辈穿着，后有人巧制颜色马甲，饰以外国黑白各种花边，标新立异。后来不分主婢皆喜穿着。

图 5-41　妇女竞穿绲边马甲之耀眼

上海近来日新月异，男女各服，腰身极窄，臀凸肚起，已不雅观，而今年又有高领头之男女衣出现，其领竟有高至三四寸者。无论男子服之，点首回头，已多不便，而妇女复于领口压以发髻，几有此头若僵，无从转侧之致。

图 5-42　男女衣服高领头之诧异

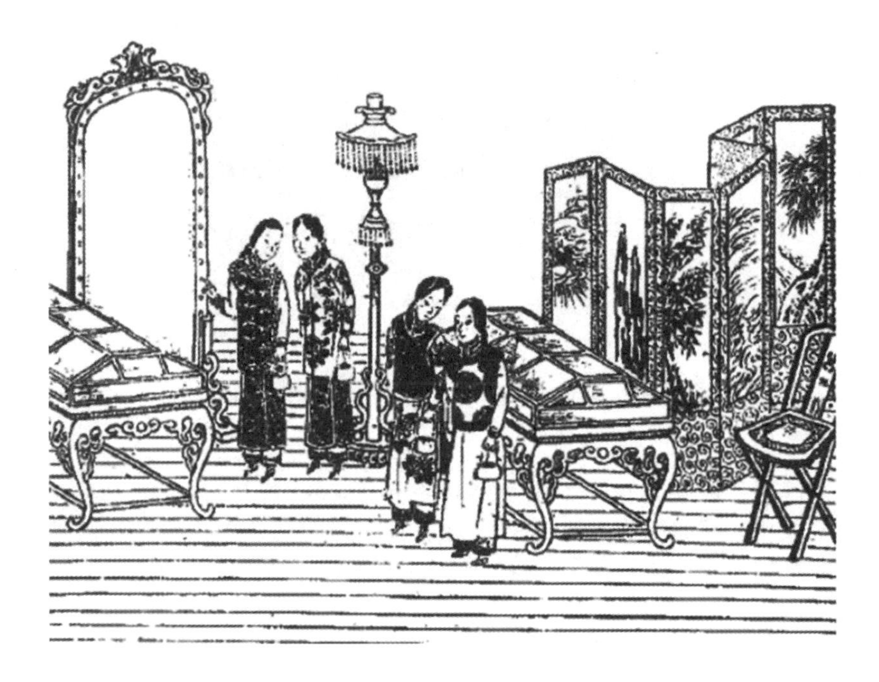

皮袋（即坤包）之制，状如洋钱皮夹而大，东西洋皆有之，以便旅行人所用。近来沪上各行号收账伙友，亦乐用之，以其便于储藏洋券一切也。

图 5-43　妇女上街手携皮袋之轻便

外国画家对中国服饰的描绘

《中国人的服饰和习俗图鉴》

作者威廉·亚历山大（1767—1816），出生于英国肯特郡，1784 年进入英国皇家美术学院绘画专业学习。1792 年作为制图员兼马戛尔尼使团随团画家托马斯希基的助手访问中国。他非常勤奋，在从澳门到北京的往返旅程中创作了大量的速写和水彩画。1802 年成为英国画家军事学院的教师，1808 年成为大英博物馆古文物部的助理馆员，直到逝世。著有《中国的服装》（1805）和《中国人的服饰和习俗图鉴》（1815）。其中人物的刻画相当准确，服饰的细节非常丰富。例如描绘身穿官服的清朝官员时，他敏锐地注意到官服胸兜补服上所刺绣的动物图案、官帽顶子的不同颜色和材料、插在帽子上的孔雀羽毛、靴子的厚底、脖子上的念珠等的象征意义。他的这些画作从不同阶层、不同情景中介绍了中国人的服装、饰物、相貌和神态举止。这些充满浓郁异国情调的画作在当时的英国乃至欧洲风靡一时。

亚历山大的绘画和文字表明，早在 18 世纪末至 19 世纪初，英国人就已经开始认真观察和研究中国。他们对于中国的了解和认知程度是国人以前没有预料到的。亚历山大通过绘画，使欧洲人比以前任何时候都要了解中国，不仅为中国服装画带来了绘画技巧的全新格局，即以透视定点的西方画视角，以衣人合一、逼真写实的绘制点染，更在于他能有身在“庐山”之外的超脱与清醒，能在跨文化比较的层面上点击评说。虽说是随感式的即兴画作，但却在服装画的格局中拓开了一个相对广阔的意义空间。另外，当时在太平天国任职的英国人所画的一些写生图，因有着充分的服装自觉意识，也可列入服装画。虽说当时这些著作多数在国外出版，对国内的影响似乎微弱，然而，随着清末民初新一代学者走出国门，当他们在国外发现这种观察中国服饰的异域目光时，可能会因对内容的熟稔而感到亲切，会因其视角的越轨而感到震撼。即便到今天，重读这些服装画，仍会激发人们丰富的想象力。图注酌录原图说明。

图中人物胸前补服上所绣的飞禽表明他是个文官。武官官服上绣的则是老虎一类的动物。无论文官还是武官，他们的官衔是由帽子顶上的一个小圆球来显示的。不透明的红珊瑚标志着最高等级，黄铜是最低等级。中间的颜色分别为透明的红色、不透明和透明的蓝色、不透明和透明的白色。作为皇帝宠幸的标志，在冠帽后面还插上一根、两根或三根孔雀翎。穿官服的同时，下面还穿刺绣的衬裙。他们大多数都在脖子上戴一串珊瑚、玛瑙或琥珀、绿松石等做成的珠子。

图 5-44　身穿官服的清朝官员

图中表现的是上流社会中的一位中国少妇和她的儿子。但是从这两个人的服饰情趣来观察，也许不是贵胄人家。

图 5-45　少妇及其儿子

所有清朝官员在公共场合必须穿着的官服是用最厚重的绸缎制作而成的，它们穿在身上时碍手碍脚，并不适合在夏季穿。私下里，官员们换上一件薄而宽大的上衣，并用一根带子束住腰间。他们夏天的帽子也是用轻便的稻草编制的。官员们的头顶上并没有头发的累赘，因为各种官衔和年龄的清朝官员都得剃光头发，只留出了一束辫子挂在脑后。几乎所有人手里都拿着扇子。

图 5-46　穿便装的官员

船姑不会束脚，穿着与男人相同，赤脚梳辫工作。

图 5-47　船姑

绘者敏锐地察觉到清军的外强中干、不堪一击。清军军事操练已经落伍，那些翻跟头、叠罗汉的方法，与以精确瞄准火器为训练内容的英军是无法比拟的。从现代战争角度看，清军注重在战场上摆出日月五行或蛟龙神龟图形等阵势也是荒唐可笑的。

图 5-48　士卒

戏中人物所穿的服装被认为是古代中国人的服装，跟当今的服装大相径庭。

图 5-49　伶人

蓝色或棕色的棉布长外衣，以及绿色或黄色的裤子，是农妇们最普遍的服装。除了那些在地里干活和在河里打鱼的妇女之外，几乎所有的农村妇女都有仿效上流社会女子缠脚的虚荣心。

图 5-50　绕棉纱线的农妇们

中国仕女的头饰显示出高雅的情趣并且有着众多的种类变化。外衣上的刺绣华美雍容。

图 5-51　仕女

此图描绘的是一位女佣和一男一女两个孩子，通过此图大致可以使人了解他们各自穿着的服装。女佣的服装式样跟女主人的并无二致，区别主要是衣料的不同。女主人一般穿丝绸衣服，而女佣穿的则是棉布。中国妇女，无论穷富，如果不缠小脚的话，都会觉得自己低人一等。

图 5-52　女佣与两个孩子

《海上画梦录》

作者弗里德利希·希夫（1908—1968），奥地利人，其父是著名的肖像画家，曾被奥地利皇室邀请为皇帝弗朗茨·约瑟夫画肖像。希夫 16 岁进入维也纳造型学院学习，1930 年来到上海，参加绘画组织，创作了大量的速写、漫画。这些画作都以普通的民众生活为题材，颇受报刊和读者追捧。1947 年他离开上海去阿根廷，1953 年移居奥地利维也纳，不久染上脊髓灰质炎病毒，晚景凄凉，于 1968 年病逝。

希夫在上海时期的漫画创作中，敏锐地捕捉到了不同环境下人们的服饰风貌与微妙的着装心态。著有《海上画梦录》传世。图注除标示外，均为编著者所添加。

原题：我家保姆的女儿，黄毛丫头十八变的三个阶段：4 月份乡下小姑娘；6 月份城市小姑娘；8 月份时髦女郎。

希夫画笔下，这幅三合一的漫画，蒙太奇般描绘了一个农村少女到了大城市后，形象迅速刷新的过程。4 月份是乡下小妞扮饰，粗布衣裤；6 月份是城市小姐格局，手摇折扇，身穿开衩极高的丝绸旗袍，足蹬高跟皮鞋；8 月份自是摩登女郎范儿，口叼香烟，胸脯高耸，下身穿超短裙了。

图 5-53　上海女人的三个阶段

橱窗里是穿着性感的女模特，橱窗外是长袍马褂、上襦下裤的街道行人；橱窗里是最西化的性感装扮，橱窗外是传统的百姓衣着；橱窗里是恣意宣扬西方文明的课堂，橱窗外是诧异迷离新奇的目光。

图 5-54 西洋文明的教义

这个时期，中国姑娘烫着时髦的发型，穿着各种花色的高开衩旗袍，透露出中国姑娘对时尚的追求与向往。

图 5-55 中国姑娘也摩登起来了

这位雨中的姑娘可并非戴望舒笔下有着淡淡哀愁的丁香姑娘。只见她身着一袭无袖高开衩旗袍，身材窈窕，烫着大波浪的发型，脚蹬高跟鞋，在雨中大步前行，尽显自信与妩媚。

图 5-56　雨中的姑娘

图 5-57　“小姐，你看，需要露多长？”

六、近现代服制图

我们知道，服饰自古以来在中国都不仅仅是一个简单的穿着问题，它被作为治国之本，一个既定的基本国策。作为惯例，历史上每至改朝换代，都要来一次服饰改制，“改正朔，易服色”，似乎要在刷新天下之初先刷新人们的衣着。这一点甚至在中华民国时期也不例外。

“改正朔，易服色”成为我国古代历来改朝换代的必要措施与传统，它将服饰与治天下联系了起来，强化了服饰梳理性别秩序和社会秩序的功能，显示出中国古代服饰重要的社会政治功能和伦理教化作用。中国人特殊的服饰治世的文化观念就是从中生发而来的。源于《周易》的“黄帝，尧，舜垂衣裳而天下治”，不仅将服饰起源追溯到中华民族的伟大始祖黄帝及古代君主尧、舜的身上，而且直截了当地将它与“天下治”联系起来。这种强调、认定和渲染所形成的文化氛围便笼罩了中国服饰境界的博大时空。于是，服饰本身在具备了神圣感、崇高性的同时，也具备了强迫性，这与最高政治权力密切相关。这也就不难理解为何掌握着统治权的阶级要借新改变的服制昭告天下：顺我服制者昌，逆我服制者亡！

1910 年后，皇帝的龙椅摇摇欲坠，时代即将改变。武昌起义爆发，革命军纷纷以剪辫易服来表示对革命的决心，也预示着新的服制的产生与变化。对国民初年绝大多数的普通老百姓来说，革命、共和、改元之举的直接结果，莫过于家家户户的男人剪辫和女人放足。在民国初年，新气象与旧风貌并存，新旧政治势力的较量也表现在服饰上。当时人们的着装变得十分混乱，西服革履、军装皮靴、长袍马褂、袍挂翎顶，以及各种不伦不类的服饰充斥着人们的视野。

1912 年，也就是中华民国元年，新成立的民国政府颁布了第一个正式的服饰法令，即《服制案》。这一服制法令对民国男女的正式礼服的样式、颜色、用料做出具体的规定，体现了国民政府改革决心。在经历了两千多年封建统治的国度里，人们通常害怕变化，依赖习惯，民国的服制恰恰是运用了革命、法律的权威，将服饰蕴含的神圣性和使命感充分体现，强制性地使国人接纳新的政体与现代文明。更重要的是，其意义不仅仅是易服改元之举，而是在中国历史上第一次用法律的方式将西洋服饰引入中国，并以此作为社会政治变革的手段之一，从而开阔了中国服饰文化发展的视野。

民国政府之所以选择现代洋服作为新时代的“革命武器”之一绝非偶然。社会文明的进步必然会影响到社会成员的生活方式及衣饰行为。任何国家从农耕文明步入工业文明都同样经历过服装的变革，传统烦琐臃肿的长袍长裙必然让位给现代简洁轻便的短衣短裤。而当时传统腐朽的制度与生活方式正在遭受国人的质疑，国外先进的文明与生活方式必然会带来新的启迪和探索。民国政府如饥似渴地吸收、模仿着西方的政体、服制、生活方式，急切渴望以西方的现代文明来拯救这一没落的国家。

1912年《服制案》

民国元年（1912）十月初三，中华民国政府颁布服饰法令《服制案》。在这个《服制案》中，最显著的特点就是用西洋服饰作为礼服。男子常礼服采用中西两式，中式常礼服是中式长袍再加西式礼帽；西式常礼服又有昼夜之分，以此确立了民国初期那种西装革履与长袍马褂并行不悖的服饰风格。女子的礼服较为简单，采用中式绣衣加褶裥裙。

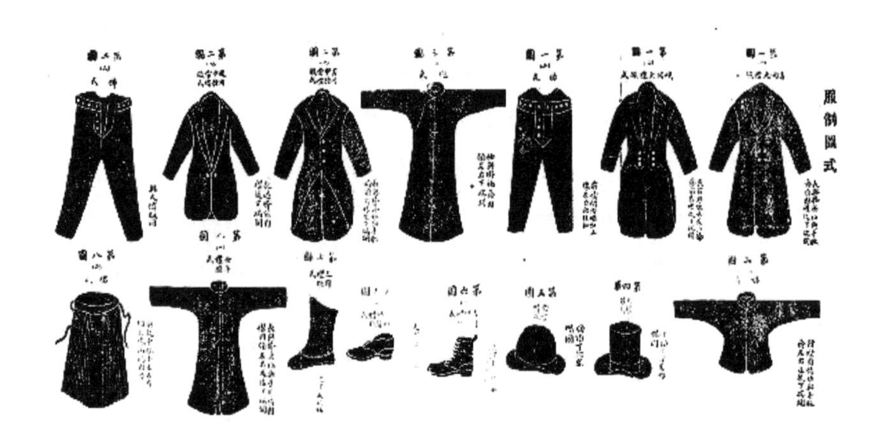

条例中对男女礼服、礼帽、靴的规制均有详细要求及说明，并一一附有款式图片。

图6-1　制服图式（1912年《服制案》，《大总统令公布参议院议制》，《上海公报》 1913年第2期）

第一章 男子礼服

第一条 男子礼服。分为大礼服、常礼服二种。

第二条 大礼服式如第一图。料用本国丝织品。色用黑。

第三条 常礼服分二种。

一 甲种式如第二图。料用本国丝织品，或棉织品，或麻线品。色用黑。

二 乙种褂袍式如第三图。

第四条 凡遇丧礼，应服第二，第三条礼服时，以左腕围以黑纱。

第五条 男子礼帽，分为大礼帽、常礼帽二种。

一 大礼帽式如第四图。料用本国丝织品，色用黑。

二 常礼帽式如第五图。料用本国丝织品或毛织品。色用黑。

第六条 礼靴分二种。

一 甲种式如第六图。色用黑。服大礼服及甲种常礼服时均服用之。

二 乙种式如第七图。色用黑。服乙种常礼服时用之。

第七条 学生军人警察法官及其他官吏之制服。有特别规定者，不适用本制。

第八条 凡公职者于应服礼服时，不适用第三条第二款及第六条第二款之规定。

第二章 女子礼服

第九条 女子礼服式如第八图。周身得加绣饰。

第十条 凡遇丧礼应服前条礼服时，于胸际缀以纱结。

第十一条 关于大礼服常礼服之用料，如本国有相当之毛织品时，得适用之。

第十二条 本制自公布日施行。

条例中对男女礼服、礼帽、靴的规制均有详细要求及说明，并一一附有款式图片。

图 6-2 男子礼服规范（1912 年《服制案》，《大总统令公布参议院议决服制》，《上海公报》 1913 年第 2 期）

1913年《外交官领事官服制暂行章程》

民国二年（1913）由中华民国外交部公布《外交官领事官服制暂行章程》后，外交官服制发生了重大的改变。它参考了西方的外交官服制，再搭配可以展现中国特色的元素设计而成。《外交官领事官服制暂行章程》对于外交官服制的规范十分详细，它总共分成五章，内容包括大礼服、夜装礼服、小礼服、夏季礼服、凶服。图注均选自原章程图中说明。其中以大礼服公布得最为详细，占全篇的70%，它是在正式的外交场合所穿的，所以服装材质、配件、帽子等最为华丽、烦琐。上衣以深青色呢料为底，衣袖以金线金叶绣上带穗之嘉禾。衣纽有九颗，镀金，上刻篆体“中华民国”四字。裤子一样是深青色，左右各饰金线织成的编席纹为地，禾穗为采的图样，其边用罗纹为地，竹叶为采的图样。

大礼服又可以按照官阶大小分成大使、公使之服，参事及总领事之服，一、二等秘书官暨领事之服，三等秘书官随员暨副领事、随习领事之服，使馆、领事馆委任官之服。其中以大使、公使之服制规定最为详细，是所有使馆官员礼服服制的基本款。

夜装礼服、夏季礼服的设计是为了让所驻各国的官员适应当地的风土民情及气候。夜装礼服和大礼服一样是深青色，只不过绣章没有大礼服那样复杂。

夏季礼服适合热带国家，为白色，绣章也没有大礼服那样复杂。

小礼服则适合于较不正式或私人的场合，颜色和大礼服相同，衣袖可随意装撤，服装的绣章也较简单，帽子可戴礼冠或类似海军军官帽。凶服则分因公和因私的规定，因公参加丧礼则围黑纱于剑把，因私则围黑纱于左臂。此外还规定了冠、配剑、腰带、外褂和手套等配件。

衣领：领身绣带穗之嘉禾五茎，茎皆上出领缘，绣谷粒二行。

衣袖：袖身绣带穗之嘉禾五茎，茎皆倒垂，袖沿绣谷粒二行。

胸前：胸前有大绣章，用带穗之嘉禾，左右各五茎。

衣周：衣周下截前后，左右亦绣带穗之嘉禾，各五茎，脊后开胯处所绣禾穗以一金线约之，衣周沿边绣谷粒二行。

图6-3　大使、公使之服（1913年《外交官领事官服制暂行章程》）

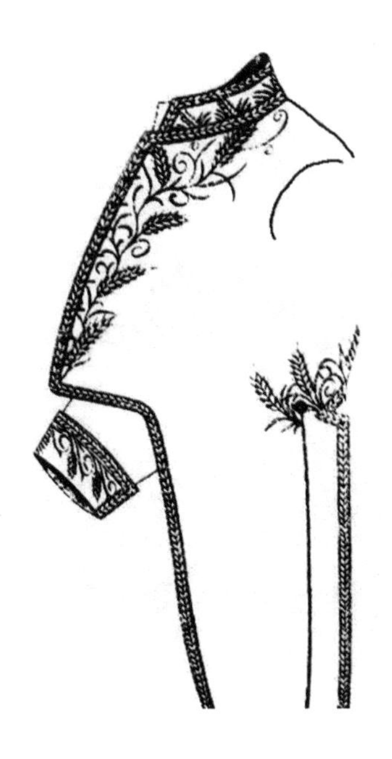

衣领、衣袖：其文采与大使、公使同。

胸前：胸前有绣章，亦与大使、公使同。

衣周：衣周无禾穗，唯沿边处绣谷粒二行，脊后开胯处绣以金线。

图6-4　参事及总领事之服（1913年《外交官领事官服制暂行章程》）

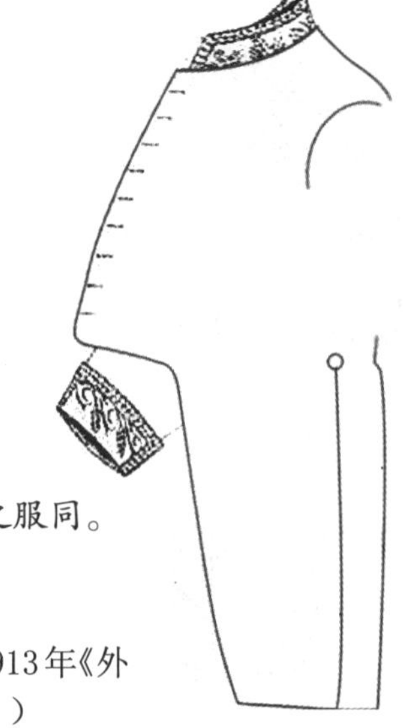

衣领、衣袖：与大使、公使之服同。
胸前、衣周、腰际：均无饰。

图6-5 使馆、领事馆委任官之服（1913年《外交官领事官服制暂行章程》）

冠用各国外交官通用之弧三角形冠。

①冠组：用黑绒冠，组上绣章，用谷粒二行。

② 冠章：绸质，用五色，如民国国旗之色。

③冠羽：鬈曲，纳于帽檐上方之夹缝内缝之。

④大使、公使之冠帽檐加织丝、黑栏杆，栏杆下端作列齿形。

⑤大使、公使用白羽，参事之加公使衔者亦用白羽，余用黑羽。

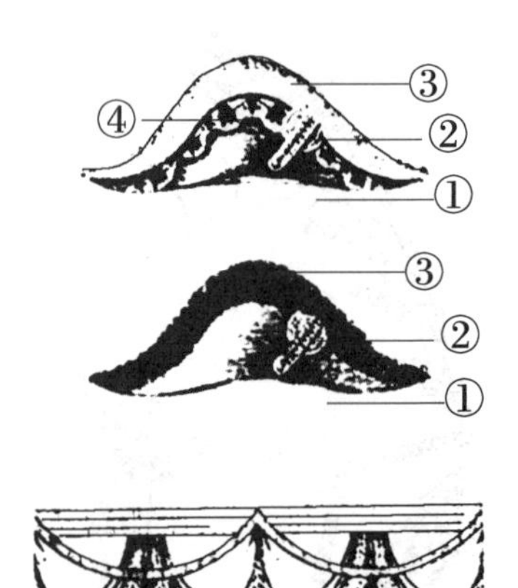

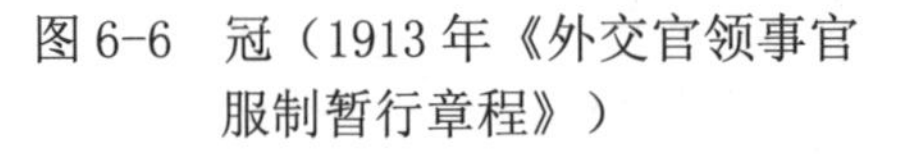

图6-6 冠（1913年《外交官领事官服制暂行章程》）

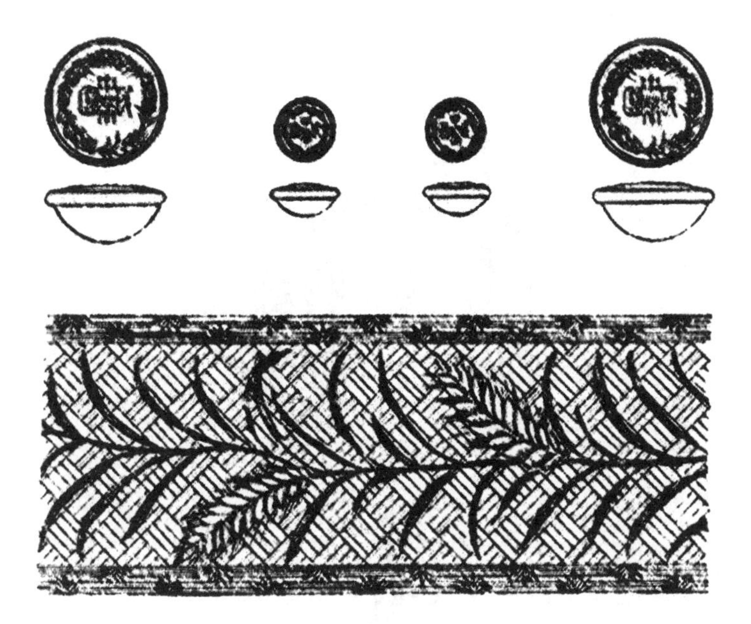

上图衣纽：衣纽直行九颗，用镀金大纽，纽章为篆体“中华民国”四字。

下图裤饰：裤用深青色呢料为之。裤章左右各一，用金线织成，其图样中心以编席纹为地，禾穗为采，其边以罗纹为地，竹叶为采。如所驻国习用短裤，亦准用白色呢料短裤、白丝线袜、半截靴，靴亮漆无扣。

图 6-7　衣纽与裤饰（1913 年《外交官领事官服制暂行章程》）

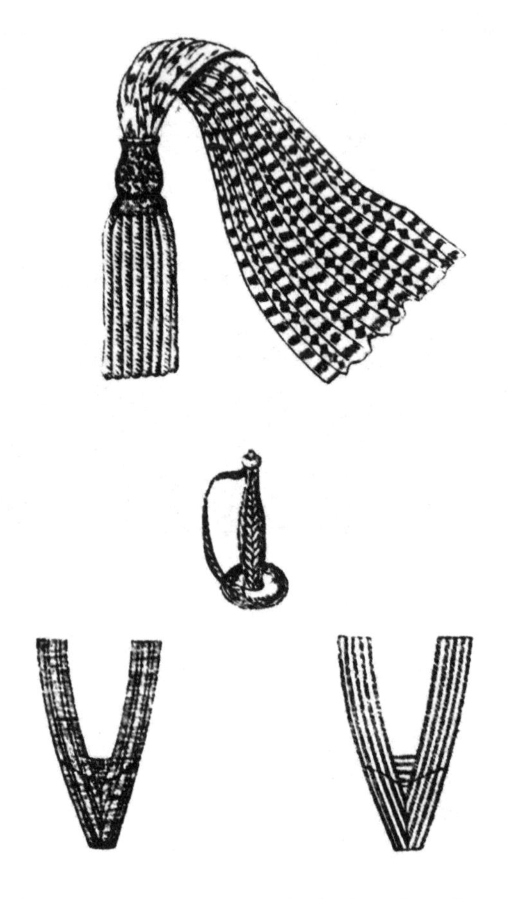

腰带绸质，上图为垂织金丝的金线穗，其绸色之分别如下：
大使用红色；公使用黄色；领事馆委任官用青色。
中图顶部剑茎（握柄）：用螺钿为地，上加镀金之禾穗为纹。
中图底部护手：镀金，上镌禾穗五出。
剑鞘：剑鞘外饰为连续之禾穗，五茎皆镀金。
剑绦：右下图为大使、公使之剑绦，其出露在外之一部分用金线与黑丝线互编。左下图为余项人员之剑绦，用全黑丝线。

图 6-8　腰带与剑饰（1913 年《外交官领事官服制暂行章程》）

上衣如军服之都尼克式，以深青色呢料为之，胸前用大纽九颗，自上而下作一行扣，定领直上，后幅有襞积二，有纽二，左侧开跨使剑絛外露。

衣袖用同色呢料，衣袖之金绣用活套，可随意装撤，绣章之文采视官阶而异。

图6-9　小礼服之上衣、衣袖（1913年《外交官领事官服制暂行章程》）

扁形类似海军军官帽。帽周加金绣，其绣章视官阶而异。

图6-10　小礼服之冠帽（1913年《外交官领事官服制暂行章程》）

1929年《服制条例》

1929年南京中华民国政府颁布了新的《服制条例》，对1912年的服制规定做出了较大的调整。《服制条例》分为礼服、制服两部分，规定了男子的礼服为袍、褂，废除燕尾服，定学生装为男制服，女子礼服分袄裙和袍两种。图注选自该条例相关说明。

与1912年《服制案》之区别：

（1）废除西式燕尾服，规定了男子的礼服为袍、褂，标示着对本国长袍马褂平民服饰的回归与认同。

（2）规定女子服饰款式多样，分甲袍、乙上衣下裙两类，有袍服，款式与男士无太大区别。

（3）对男女公务员制服进行了规范。

男子礼服之规定：

褂：齐领对襟长至腹，袖长及手腕，左右及后下端开衩，用丝藤棉毛织品，色黑，有纽五。

袍：齐领前襟右掩，长至脚踝上二寸，袖长与褂袖齐，左右及后下端开衩，用丝藤棉毛织品，色藏青，有纽六。

图6-11 男子礼服图示（1929年《服制条例》）

女子礼服之规定：
衣：齐领前襟右掩，长至膝。
外套：翻领对襟长至膝，袖长与衣袖齐。

图 6-12　女子礼服图示（1929 年《服制条例》）

1939 年《修正服制条例草案》

1939 年 1 月，中华民国政府内政部颁布《修正服制条例草案》，对服制规定做了新的补充说明，服制除法令另有规定外依本条例规定。本条例规定的各种服制均为普通人而设，因特殊情况如军警、使领馆、司法等机构人员服制另有规定。条例中对男女礼服及公务员制服做出了详细规定。

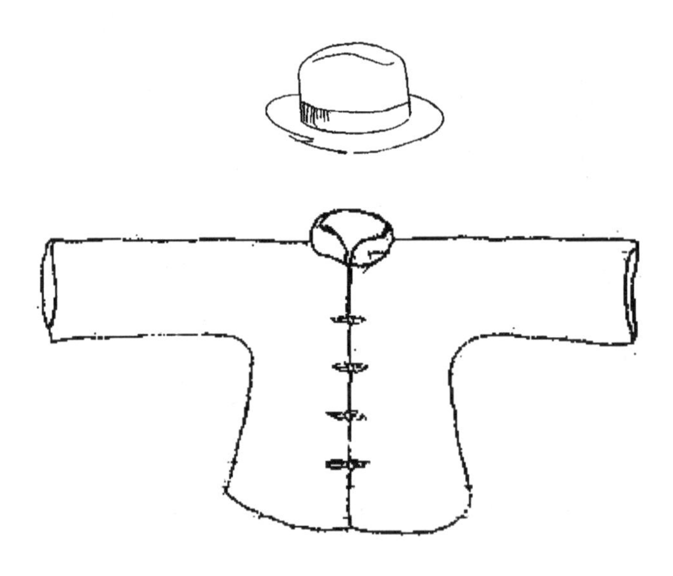

图 6-13　男子常礼服——褂、礼帽（1939 年《修正服饰条例草案》）

男子常礼服袍所用蓝色不能有深浅之差，以期一律而示。

图 6-14　男子常礼服——袍（1939 年《修正服饰条例草案》）

图 6-15　男子斗篷、皮鞋（1939 年《修正服饰条例草案》）

1940年《陆军服制条例》

民国二十九年（1940），由民国政府军政部颁发《陆军服制条例》，条例中以图文形式呈现出陆军胸章礼服、礼帽、帽章、帽顶、纽、袖章、肩章等服饰品的样貌。

少将、中校、上尉胸章图示。

图6-16　胸章（1940年《陆军服制条例》）

图6-17　礼服、礼帽、帽章、帽顶、纽（1940年《陆军服制条例》）

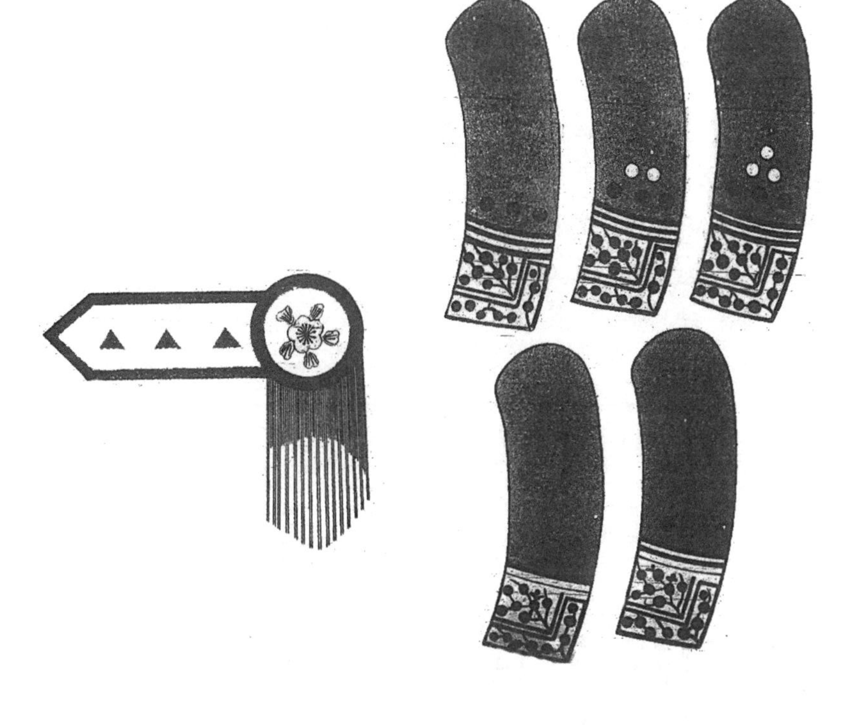

图6-18　袖饰、肩章（1940年《陆军服制条例》）

1942 年汪伪政权《国民服制条例》

1942 年汪伪政权公布《国民服制条例》，对男女常服及礼服分别做出明确规定。国民服式分为常服和礼服两种，礼服与常服之间的差距日趋缩小；制服帽子为男士礼服之一；公务员参加典礼佩戴银线襟带以区分官员等级。

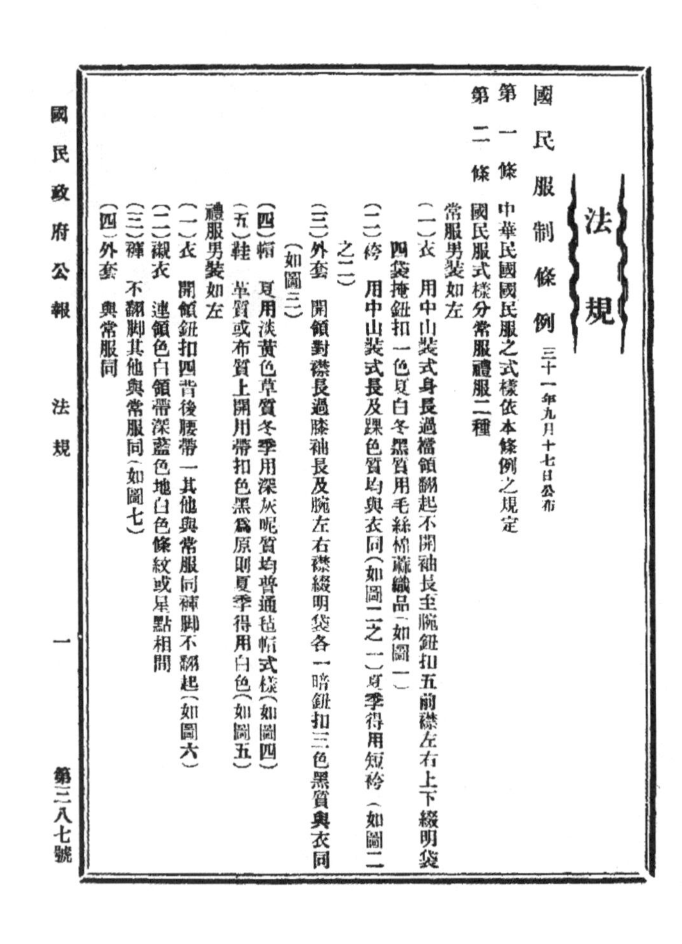

法規

國民服制條例 三十一年九月十七日公布

第一條 中華民國國民服之式樣依本條例之規定

第二條 國民服式樣分常服禮服二種

常服男裝如左

(一)衣 用中山裝式身長過襠領翻起不開袖長至腕鈕扣五前襟左右上下綴明袋四袋掩鈕扣一色夏白冬黑質用毛絲棉蔴織品(如圖一)

(二)袴 用中山裝式長及踝色質均與衣同(如圖二之一)夏季得用短袴(如圖二之二)

(三)外套 開領對襟長過膝袖長及腕左右襟綴明袋各一暗鈕扣三色黑質與衣同(如圖三)

(四)帽 夏用淡黃色草質冬季用深灰呢質均普通毡帽式樣(如圖四)

(五)鞋 革質或布質上開用帶扣色黑為原則夏季得用白色(如圖五)

禮服男裝如左

(一)衣 開領鈕扣四背後腰帶一其他與常服同褲脚不翻起(如圖六)

(二)襯衣 連領色白領帶深藍色地白色條紋或星點相間

(三)褲 不翻脚其他與常服同(如圖七)

(四)外套 與常服同

國民政府公報 法規 一 第三八七號

图 6-19　1942 年汪伪政权《国民服制条例》文本剪影

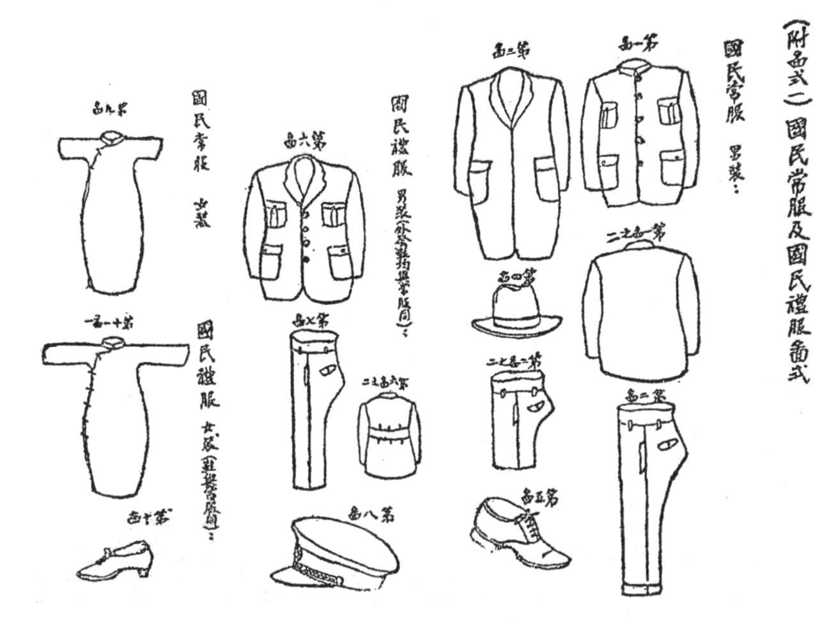

国民常服及国民礼服图式。

图 6-20　1942 年汪伪政权《国民服制条例》附图式一

七、近现代月份牌广告画中的服装

“月份牌画”是19世纪末期产生于上海并风行全国的一种商业性绘画，因画面上附有年历表或月历表而得名，类似于现在的单页挂历，是近现代中国集新民俗、新时尚、新绘画、新广告为一体的复合性艺术表现形式。初期月份牌的题材相当丰富，历史掌故、戏曲人物、民间传说等无所不包。渐渐地，广告元素退隐到边角可有可无的位置上去了，时装仕女、摩登生活成为画面的主体形象。正是在这个意义上，月份牌画不仅成为中国年画史上异军突起的新品种，也成为服装画的一个新品种。

月份牌的绘画技法大致经历了三个阶段。第一阶段以周慕桥为代表，多以工笔线描画古装仕女。第二阶段以郑曼陀为代表，在传统工笔画基础上融入西方写实与光影画法，形成了擦笔水彩法。画面形象以美女为主，当人物轮廓确定后用毛笔蘸炭精粉擦出淡淡的体积感，再罩上透明的水彩色，类似人物的平光照片，这种以“甜、糯、嗲、嫩”为特色的美女月份牌迅速成为主流。第三阶段以杭穉英为代表，他继承了郑曼陀的擦笔水彩画法，画面内容多为时装美女。

从形式上看，月份牌是商家免费赠送的年画，可迅速遍及千家万户，产生巨大的传播效应；在内容上，则是表现在逐渐开化的社会风气下，年轻女性在新时代、新观念的支持下，大胆展示自身的美艳，以及惬意地享受属于她们自己的生活方式。

月份牌可以说是向市井生活中渗透和影响最成功的服装画，其余波至今仍在更大的时空荡漾。月份牌看似商品广告画，实则画的是美女服饰，且带来新的观念。女性形象在月份牌中明显占主导地位，且与中国传统画作中展现女性形象的方式大相径庭。传统画作中的女性虽衣着艳丽，装束时尚，但不苟言笑、面无表情。在报纸广告等多变的社会时尚载体中，美女形象却是永恒的主题。画中那些全新包装的时装美女，即使是看惯了《点石斋画报》《海上百艳图》中都市女性的达官显贵，也为之耳目一新。月份牌中的美女是都市女性的代表，这些摩登女郎为月份牌与旗袍找到了彼此共同的表达形式，故而月份牌中的旗袍总是当令新装，与月份牌共同引领着时尚的潮流。月份牌绘画的特点是在传统工笔画的基础上，结合西洋擦笔素描和水彩的方法，运用晕染皴擦的技法造成西画中的明暗、立体效果，绘制精细，风格柔丽。运用石印技术印制的月份牌年画，色泽鲜艳，着色均匀，润丽明朗。

导致清末民初女性时尚变迁的两大直接原因，一是女子中学的创立及兴起，二是放足。前者在思想观念上使越来越多的女性不只在生活方式上有了西方的参照系，而且逐渐学会了独立思考。而后者，放足的变化是从身体上解放了女性，使女性摆脱传统深闺和家院的拘囿，大踏步地进入社会。她们的崭新风貌成为月份牌所追踪与推崇的理想形象。画面上的时装人物，全然是光彩照人的现代女性。

郑曼陀月份牌画

郑曼陀（1888—1961），安徽歙县人，原名达，字菊如，笔名曼陀，以笔名行于世。郑曼陀早年居住于浙江杭州，在杭州学习英语的经历使他对西洋水彩画有所了解，而曾画国画的积累使他对仕女造型得心应手。民国初年，正逢上海月份牌兴起，他除了为一些厂商画广告外，主要画月份牌画。郑曼陀的人物画，以中国传统的工笔画为基础，融合西方写实和光影的画法，创造了一种新式的人物画法——擦笔水彩法，从而确立了以人物画为主体的月份牌画的基本风格特征。其特点是在人物的面部先擦上一层炭精粉，轻轻揉擦阴影部位，使其具有淡淡的素描架子，然后再以水彩晕染。这样，人物的脸在白皙中呈现一抹淡红，显出立体感的同时能保持工笔画仕女造型的神韵。这种“时装仕女图”成了最具代表性的月份牌画，而敏感的观众和收藏者甚至会感到“曼陀画里的人，眼睛会跟人走”，使得美的肌肤“有了活灵活现的质感，白皙丰腴细腻吹弹得破”。擦笔水彩画法和时装美女形象珠联璧合，加之高氏兄弟的题跋、补景，注入了丰富的文化气息。郑曼陀成功了。擦笔水彩画法风靡华洋各界，“曼陀画”成了擦笔水彩画法和月份牌画的代名词，擦笔水彩画法成为月份牌画的标准画法。

成名后的郑曼陀，邀画订单源源不断，在市场需求的巨大刺激下，一批广告设计名家开始研究“曼陀画”。面对竞争对手，郑曼陀一方面积极提高技艺，另一方面扩展题材，以时装美女为主，兼及都市生活和古典名著题材。他的《乘火车》《女学生》《打网球》《女子读〈天演论〉》《晚妆图》等一扫画坛古装仕女画的僵化局面，刻画了新时代女性的美好生活，具有鲜明的时代特色。

图 7-1　郑曼陀月份牌画（1）

图 7-2　郑曼陀月份牌画（2）

图 7-3　郑曼陀月份牌画（3）

图 7-4　郑曼陀月份牌画（4）

图 7-5 郑曼陀月份牌画（5）

图 7-6 郑曼陀月份牌画（6）

图 7-7　郑曼陀月份牌画（7）

金梅生月份牌画

金梅生（1902—1989），笔名世亨，上海川沙县人，在当时的画坛是一位很有影响力的月份牌画家。1919年他初学西画，1921年考入商务印书馆图画部，1923年调入制版部，学习照相制版技术。同年，他的第一幅作品《春游》印刷发行，取得成功后专事创作月份牌画。金梅生先学郑曼陀、周柏生，后另辟蹊径，在人物形象的处理上摆脱了以往那些较为呆板固定的姿态，如静思、化妆等，而转化为一个生动的场景，并且拓展了儿童题材。他刻画的人物形神兼备，塑造的儿童活泼可爱。他用笔轻松，色泽妍雅，讲求人物与背景的虚实变化。他的作品都将人物置于一个动态的情境中，这对于人物性格的表现和角色特征的定位具有重要的作用；同时拓展了受众对画面的欣赏空间，使人能通过画面展开对语言甚至情节的联想。他开创了一种新的设计模式：人物形象与商品形象同置于一个视觉平面上，浑然一体。金梅生的创新无疑对月份牌画面题材的丰富和发展起到了重要的推动作用。

图7-8　金梅生月份牌画（1）

图 7-9　金梅生月份牌画（2）

图 7-10　金梅生月份牌画（3）

图 7-11 金梅生月份牌画（4）

图 7-12 金梅生月份牌画（5）

谢之光月份牌画

谢之光（1900—1976），别号栩栩斋主，浙江余姚人。十多岁时师从吴友如、周慕桥学人物画，之后师从张聿光学舞台布景。他早期曾受郑曼陀影响，擅长中国画，精于西画和月份牌设计，后逐渐形成了自己的画风。他善于处理画面构图和布景，各种不同类型题材的画面经他构思遐想，即被安排得自然妥帖、生动有趣，如传统题材作品《村童闹学》。他还将人体绘画引入月份牌，创作了《帐纱半裹怕郎窥》等作品。同时还发展了民俗题材，如作品《洪武豪赌图》就是上海社会众生相的真实写照。1932年他创作的《一挡十》歌颂十九路军奋勇抗战，配合了抗战救亡运动，从而也拓展了月份牌画的历史题材。谢之光作品影响颇大，所作月份牌美人画，每年销出十余万幅。李慕白评价说："谢之光先生在年画创作中，集中国画之韵，融西洋画之味，在月份牌年画画坛上是独树一帜的。"他的构图形式独具一格，人物形象总是处于画面的中心位置，背景的色调和景物不仅起到了衬托人物的作用，而且能使人的视觉不断延伸。

图 7-13　谢之光月份牌画（1）

图 7-14　谢之光月份牌画（2）

图 7-15　谢之光月份牌画（3）

图 7-16　谢之光月份牌画（4）

图 7-17　谢之光月份牌画（5）

图 7-18 谢之光月份牌画（6）

图 7-19　谢之光月份牌画（7）

杭穉英月份牌画

杭穉英，亦作稚英（1900—1947），浙江海宁人，我国现代月份牌艺术最重要代表人物之一。出身书香门第，自幼酷爱绘画，13岁随父亲到上海，入徐家汇天主堂土山湾画馆学画，后又考入商务印书馆图画部当练习生。1916年，转入商务印书馆服务部，为商务印书馆承接香烟牌和月份牌的设计。1922年，自立门户，成立"稚英画室"。杭穉英、金雪尘、李慕白三人成为画室的三大支柱。在经营上，杭穉英把业务从月份牌扩大到其他商业广告设计，"稚英画室"鼎盛时，每年要推出八十幅月份牌，他们设计的商业广告也称雄上海。他的成功有三大因素：创新意识、用人之道、经营思想。杭穉英敏锐地发现郑曼陀的时装美女形象已经不适应当时的市场需求，便适时地抓住机遇。他仔细观察上海滩租界内外时髦女性的装饰，深入发掘她们发型、衣着、体态、气质中的动人之处，并从电影与国外画报里的女明星的形象中汲取流行元素，经过反复的锤炼，塑造出上海滩美女的新形象：乌发凤眼，红唇皓齿中透着微微笑意，窈窕婀娜的身材露出几分丰满，缀以时髦的旗袍、高雅的首饰。全新的高雅旗袍美女形象就这样在他的画笔下诞生了，烫发、短袖旗袍衣长及地，时髦的装扮具有极强的视觉感染力，全新的月份牌画一推出即获得社会各界的青睐和追捧。杭穉英不只领导着商业广告设计的潮流，也引领着都市时尚的新潮流。

图 7-20　杭稺英月份牌画（1）

图 7-21　杭稺英月份牌画（2）

图 7-22　杭穉英月份牌画（3）

图 7-23　杭穉英月份牌画（4）

图 7-24　杭穉英月份牌画（5）

图 7-25　杭穉英月份牌画（6）

图 7-26 杭穉英月份牌画（7）

图 7-27 杭穉英月份牌画（8）

图 7-28 杭穉英月份牌画（9）

图 7-29 杭穉英月份牌画（10）

图 7-30　杭穉英月份牌画（11）

图 7-31　杭穉英月份牌画（12）

图 7-32　杭穉英月份牌画（13）

图 7-33　杭穉英月份牌画（14）

图 7-34　杭穉英月份牌画（15）

图 7-35　杭穉英月份牌画（16）

图 7-36　杭穉英月份牌画（17）

图 7-37　杭穉英月份牌画（18）

图 7-38　杭穉英月份牌画（19）

图 7-39　杭穉英月份牌画（20）

图 7-40　杭穉英月份牌画（21）

图 7-41　杭穉英月份牌画（22）

图 7-42 杭穉英月份牌画（23）

图 7-43 杭穉英月份牌画（24）

图 7-44 杭穉英月份牌画（25）

图 7-45 杭穉英月份牌画（26）

图 7-46　杭穉英月份牌画（27）

图 7-47　杭穉英月份牌画（28）

图 7-48　杭穉英月份牌画（29）

图 7-49　杭穉英月份牌画（30）

图 7-50　杭穉英月份牌画（31）

图 7-51　杭穉英月份牌画（32）

图 7-52　杭穉英月份牌画（33）

图 7-53　杭穉英月份牌画（34）

图 7-54　杭穉英月份牌画（35）

图 7-55　杭穉英月份牌画（36）

图 3-56　杭穉英月份牌画（37）

图 7-57　杭穉英月份牌画（38）

图 7-58 杭穉英月份牌画（39）

周柏生月份牌画

周柏生（1887—1955），原名周桐，笔名柏生。他于 1917 年进入南洋兄弟烟草公司广告部，为南洋兄弟及英美烟草等公司创作了许多月份牌画。他的作品题材面较广，以古装仕女人物及宗教伦理方面的题材为最佳。他的绘画技法兼具传统工笔和擦笔水彩的特点。

图 7-59　周柏生月份牌画（1）

图 7-60 周柏生月份牌画（2）

胡伯翔月份牌画

胡伯翔（1896—1989），江苏南京人，出身美术世家，艺术造诣颇深。他 18 岁时到上海并积极参加青漪馆、振青社、题襟社、中华书画社等主办的书画展览活动，以宋元笔意为前辈画家所赏识，20 岁时与 70 多岁的吴昌硕结成忘年交。1917 年，他开始月份牌画创作。当时擦笔水彩画法风行，他却卓然独立，坚持用水彩层层渲染，在达到相同的视觉效果的基础上，更讲求绘画的艺术情趣。他所塑造的女性形象，注重东方女性含蓄恬静的个性和气质，画面透着一股淡淡的东方文化内涵。他表现的题材十分广泛，不限于时尚女性；其技法亦不拘一格，或工笔，或写意，或亦工亦写，或用水彩，同时他非常讲究构图的形式感。

图 7-61　胡伯翔月份牌画（1）

图 7-62　胡伯翔月份牌画（2）

图 7-63　胡伯翔月份牌画（3）

图 7-64　胡伯翔月份牌画（4）

倪耕野月份牌画

倪耕野（生卒年不详），曾任职于英美烟草公司广告部，先后为英美烟草和启东烟草等公司创作月份牌画。他的作品题材多以仕女形象及时尚女性为主，画面色彩清丽、形象鲜明、层次对比强烈，人物颇具动感。

图 7-65　倪耕野月份牌画（1）

图 7-66 倪耕野月份牌画（2）

图 7-67　倪耕野月份牌画（3）

图 7-68 倪耕野月份牌画（4）

图 7-69 倪耕野月份牌画（5）

图 7-70　倪耕野月份牌画（6）

图 7-71　倪耕野月份牌画（7）

图 7-72　倪耕野月份牌画（8）

图 7-73　倪耕野月份牌画（9）

图 7-74　倪耕野月份牌画（10）

图 7-75　倪耕野月份牌画（11）

图 7-76 倪耕野月份牌画（12）

图 7-77 倪耕野月份牌画（13）

其他月份牌画

图 7-78　其他月份牌画（1）

图 7-79　其他月份牌画（2）

图 7-80　其他月份牌画（3）

图 7-81　其他月份牌画（4）

图 7-82　其他月份牌画（5）

图 7-83　其他月份牌画（6）

图 7-84　其他月份牌画（7）

图 7-85　其他月份牌画（8）

图 7-86　其他月份牌画（9）

图 7-87　其他月份牌画（10）

图 7-88　其他月份牌画（11）

图 7-89　其他月份牌画（12）

图 7-90　其他月份牌画（13）

八、中国现当代服装漫画

郭建英的服装漫画

郭建英（1907—1979），笔名迷云，福建同安（今属厦门市）人。其父郭左淇曾任中国驻日本公使馆二等秘书。1931 年郭建英毕业于上海圣约翰大学政经系，进中国通商银行任秘书。1935 年 11 月赴日本任中国驻长崎领事馆领事，两年后回国从商。在外交部门与商界的陶冶与历练，使他对服饰与艺术的理解有了全新的认识。早在上海时期，1929 年 9 月，施蛰存、刘呐鸥、戴望舒等联手创办《新文艺》杂志，大兴“新感觉派”时，郭建英曾积极加盟，用本名与笔名发表著译《艺术的贫困》《梅毒艺术家》等。他还译过普列汉诺夫的《无产阶级运动和资产阶级艺术》，在施蛰存主编的《现代》杂志上发表《巴尔扎克的恋爱》等文章。1929 年起，他以都市生活漫画的方式、以欣赏与赞美的基调描绘了 20 世纪 30 年代“十里洋场”上海的摩登女性的众生相。1933 年为《妇人画报》创作了图文并茂的连载漫画作品《摩登生活讲座》，1934 年 1 月至 1935 年 11 月主持该画报编务，同时为徐迟等人的诸多文学作品创作个性化的漫画插图。1934年上海良友图书公司出版《建英漫画集》。其作品将丰富的想象和鲜活的具象结合，文字嵌入画面，以富于魅力的线条、优美的构型，被誉为现代都市生活美丽的图谱。他画中的女子，都是20世纪30年代最摩登也最悠闲的女子。她们健康、活泼、性感，她们烫鬈发、穿旗袍、高跟鞋，有着鳗鱼式的身材和居高临下的自信姿态，深刻地呈现了现代都市生活的真谛。

图8-1　春之姿态美（1）

图 8-2 春之姿态美（2）

图 8-3 女子

图 8-4　时装之魅

图 8-5　一个恋爱之成立

图 8-6　最时髦的男装

图 8-7　新帽子

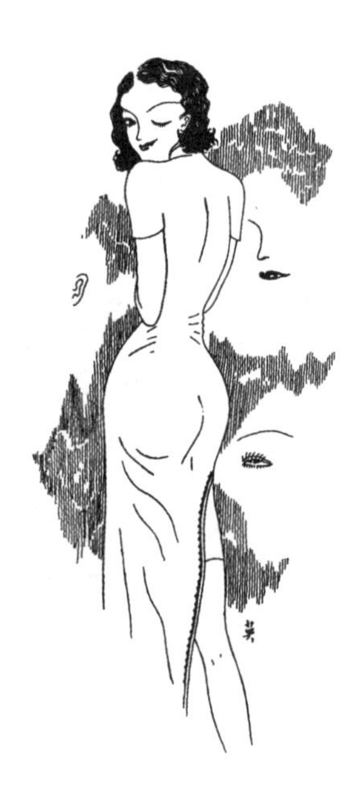

图 8-8　春之诱惑

丰子恺的服装漫画

丰子恺（1898—1975）是中国现当代受人敬仰的漫画家、散文家。他的绘画及文章在几十年沧桑风雨中仍保持着一贯的风格：雍容恬静，意趣横生。他的漫画，简约得不能再简约，常只留下一个轮廓，但那人物的背景、举止，以至表情、心理都会神奇地、活脱脱地呈现在你的眼前。他在纷乱芜杂的世界中，以赤子之心、悲悯之怀，温情而细致地感受着周围的万事万物，从世俗生活中撷取那几乎不为人在意的人情物事，用诗样的心去观照、去锻造，并放大成人世间的大美。他的作品简约而注重意义，夸张而富有意趣。有对宁静淡远的古风的眷顾，有对儿童纯真质朴世界的向往，有对花草树木、鸟兽虫鱼的人性化观照，有对社会不公、人生压迫的憎恨或讽刺……韵味悠长。

丰子恺漫画作品《某父子》《贫女如花只镜知》《阿宝赤膊》《小妹妹的疑问》《勤俭持家》等取法生活，以褒贬分明的态度与现实对话，率性大气而童趣盎然，简洁明快而意味深长。他不只以简洁的构图呈现出世俗服装风貌，更以传神的线条将服饰的深层意味缓缓勾出。

图 8-9　爸爸回来了

图 8-10　阿宝赤膊

图 8-11　某父子

图 8-12　夫妻

图 8-13　中秋

图 8-14　于蚕匾中窥见明年春游的服装

图 8-15　中西合璧

图 8-16　勤俭持家

丁聪的服装漫画

漫画家丁聪（1916—2009），上海人，20 世纪 30 年代初开始发表漫画。抗日战争时期，他辗转于香港及西南大后方，从事画报编辑、舞台美术设计、艺专教员和绘制抗战宣传画等工作，同时也以漫画参加过多次画展。1945—1947 年期间，他在上海发表过不少较有影响的、以“争民主”为题材的讽刺画。新中国成立后，他曾任《人民画报》副总编辑。然而 1957 年后的 20 多年间丁聪几乎消失了，直到中共十一届三中全会以后，他才又画起讽刺漫画来。1980 年以后，他以超常的精力工作，创作了大量的文学书籍插图及讽刺漫画作品。近 30 年来，他共出版了 40 多种集子。

丁聪服饰漫画秉承其父画笔而青出于蓝。他的一系列服装漫画如《我不见了》《亮新裙》《轻薄红裤》和《热死我》等看似图说古典，述而不作，含蓄内敛，实则以工笔的画法讥讽世俗，以穿透历史的目光与现实对话，耐人寻味。从某种角度来说，时下轰轰烈烈的动漫服饰创作也是这一传统思维的延续和发展。图注选自原图释文。

图 8-17　天桥人物：装扮奇特的“花狗熊”夫妻

一人穿新绢裙出行，恐人不见，乃耸肩而行。良久，问童子曰：“有人看否？”曰：“此处无人。”乃弛其肩曰：“既无人，我且少歇。”

图 8-18　亮新裙

宋有澄子者，亡缁衣，求之途，见妇人衣缁衣，援而弗舍，欲取其衣，曰："今者我亡缁衣。"妇人曰："公虽亡缁衣，此实吾所自为也。"澄子曰："子不如速与我衣。昔我所亡者，纺缁也；今子之衣，禅缁也。以禅缁当纺缁，子岂不得哉？"

——《吕氏春秋》

图 8-19 寻黑衣

齐王夫人死，有七孺子皆近，薛公欲知所欲立，乃献七珥，美其一。明日视美珥所在，劝王立为夫人。

——《战国策》

图 8-20 劝进术

郑县人卜子，使其妻为裤，请式。曰：“像故裤。”妻乃毁其新，令如故裤。

——《古今谭概》

图 8-21　制故裤

一乞丐从北京回来，自夸曾看见皇帝。或问：“皇帝如何妆束？”丐曰：“头戴白玉雕成的帽子，身穿黄金打成的袍服。”人问：“金子打的袍服，穿了如何作揖？”丐啐曰：“你真是个不知世事的，既做了皇帝，还同哪个作揖？”

——《传家宝》

图 8-22　皇帝装束

有一贼入人家偷窃，奈其家甚贫，四壁萧然，床头只有米一坛；贼自思将这米偷了去，煮饭也好。因难于携带，遂将自己衣服脱下来，铺在地上，取米坛倾米包携。此时床上夫妻两口，其夫先醒，月光照入屋内，看见贼返身取米时，夫在床上悄悄伸手，将贼衣抽藏床里。贼回身寻衣不见。其妻后醒，慌问夫曰："房中窸窸窣窣地响，恐怕有贼么？"夫曰："我醒着多时，并没有贼。"这贼听见说话，慌忙高喊道："我的衣服才放在地上，就被贼偷了去，怎的还说没贼？"

——《传家宝》

图 8-23 贼寻衣

其他服装漫画

鲁少飞的服装漫画

鲁少飞（1903—1995），上海人。其父亲为民间画工，他自幼随父习画，在不断实践中画艺得以提升。他曾参加北伐军，在总政治部宣传处任职。鲁少飞是一位颇有影响力的漫画家，也是卓有成就的编辑大家。他于 1934 年担任《时代漫画》主编，编刊过程中培养造就了一批个性鲜明的漫画家，被誉为“中国漫画界的伯乐”。1993 年他九十大寿时，被中国美术家协会漫画艺术委员会授予中国动漫“美猴奖”。

图 8-24　妇女最近之喜悦

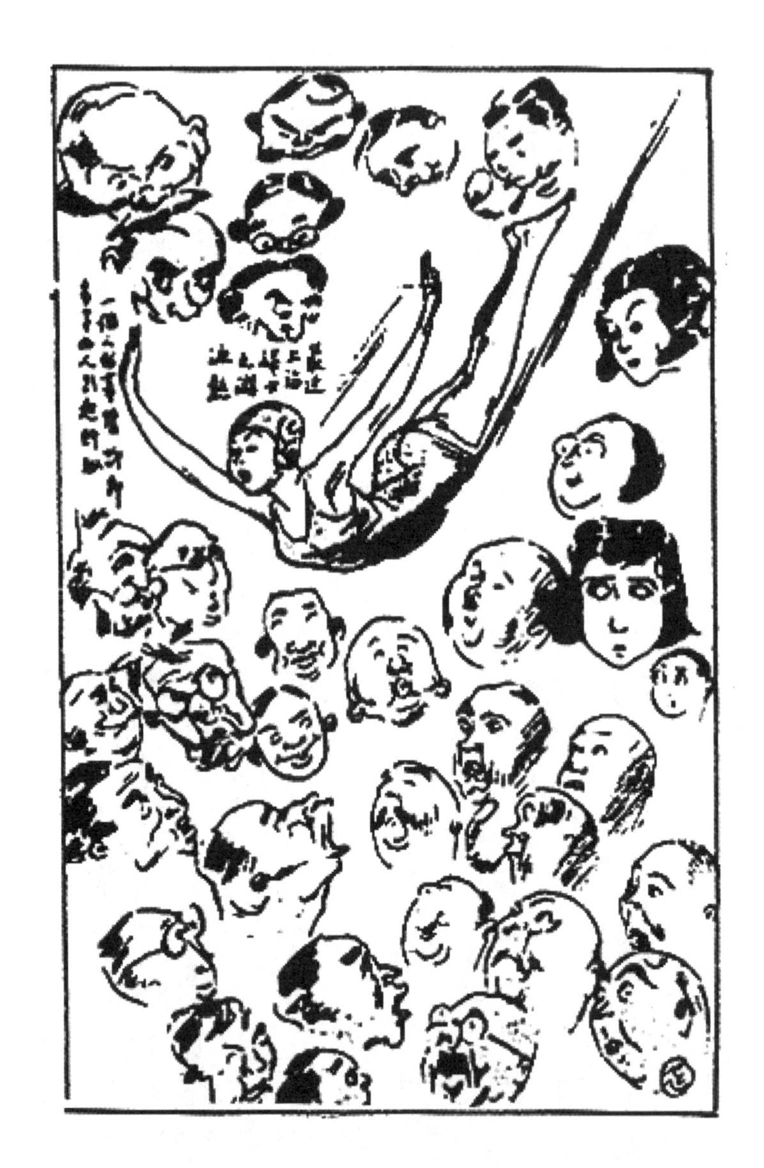

图 8-25　最近上海妇女之游泳热

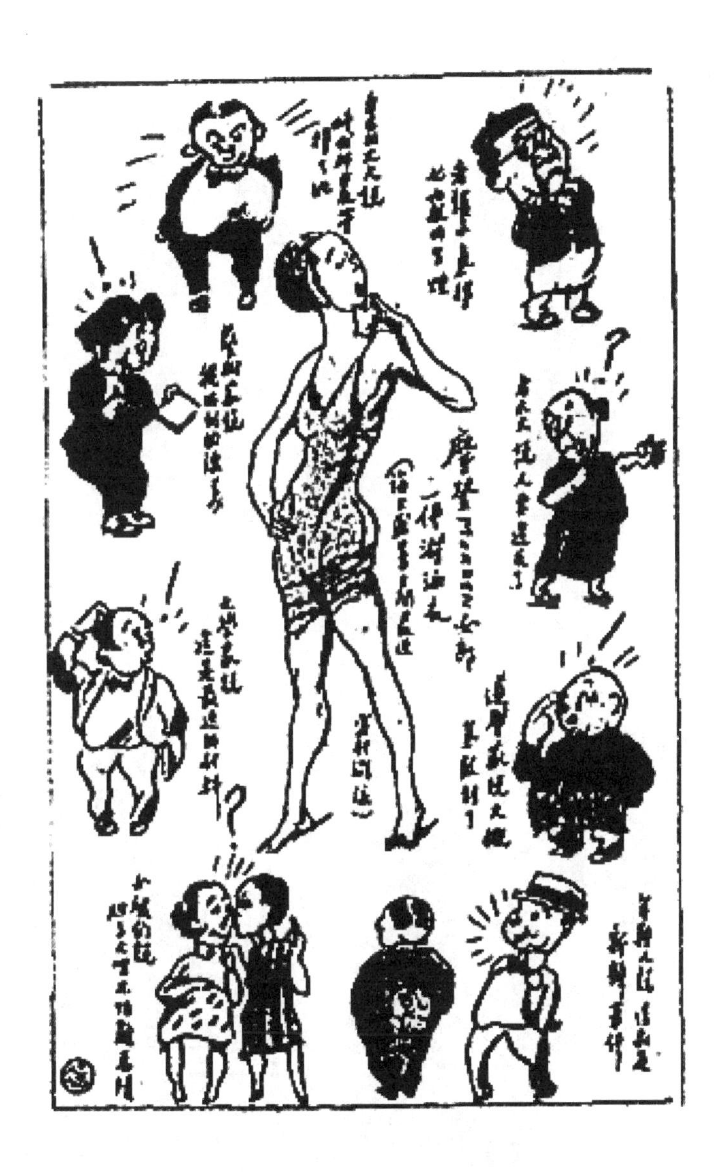

图 8-26　摩登女郎的一件游泳衣

图 8-27　长头发之艺术同志和长裤脚管的运动家

图 8-28　最近穿绸长衫的朋友谈笑穿洋装的朋友为不爱国的人

图 8-29　发之新变态

黄文农的服装漫画

黄文农（1903—1934），上海松江人。家境贫寒，16 岁进入上海中华书局当石印描样学徒，刻苦用心，画技渐精。不久他被调至《小朋友》杂志任编辑，经常习作漫画。民国十四年（1925）他在《晶报》发表漫画，后成为该报编辑。随后，老牌刊物《东方杂志》也特邀他为漫画作者。1927 年秋，黄文农、丁悚、张光宇、张正宇、鲁少飞、叶浅予等组成中国第一个民间漫画团体“上海漫画会”，出版了《文农讽刺漫画集》及《上海漫画》周刊。萧伯纳到上海时，曾高度评价了黄文农的漫画作品。

图 8-30　后屁股翘起之女学生

叶浅予等人的服装漫画

这里所选是叶浅予等人 20 世纪 20—40 年代的服装漫画。

图 8-31　最近皇后之一斑　叶浅予

图 8-32　服装之阶级　叶浅予

图 8-33　巴黎舞场之印象　叶浅予

图 8-34　舞女之发型　叶浅予

图 8-35　两种流行的春装　张仃

图 8-36　浪漫的与古典的思想　佚名

图 8-37　女子体育之今昔　佚名

图 8-38　今年之装束　佚名

图 8-39　奇装　佚名

图 8-40　首都时装　佚名

图 8-41　披背的流行　佚名

图 8-42　女公务员的制服　佚名

图 8-43　男女学生的制服　佚名

图 8-44　男公务员的制服　佚名

图 8-45　将来的西装化　曹涵美

图 8-46　伟人与瘪三　曹涵美

图 8-47　中国妇女服装之变迁　曹涵美

图 8-48　女子护胸的变迁　曹涵美

图 8-49　新作派　　周元麟

图 8-50　花样百出的学生服　郑光汉

图 8-51　花瓶之女　黄嘉音

图 8-52　绅士与淑女　黄嘉音

图 8-53　高跟鞋　张鹿山

图 8-54　时髦　张云岩

图 8-55　同学不同装　沈逸千

图 8-56　烟突帽　张光宇

九、中国现当代服装设计图

如果说月份牌画中的美女时装更多的是从纯绘画中汲取营养的话，那么，叶浅予、万籁鸣、万古蟾、李珊菲等画家描绘的服装设计图则越来越多地注重设计意图的表达。因此，他们的服装画必然介于绘画思潮与设计活动之间，从形式和内容上受到二者的作用。与以往画家不同的是，上述的这些艺术家不仅仅是画家，也是极具创造力的服装设计师。他们的作品被大量地刊登在期刊画报上，促进了服饰艺术的传播和交流。

时装设计师的服装设计图

叶浅予的服装设计图

叶浅予（1907—1995），生于浙江桐庐，1925 年到上海，画过广告、教科书插图，并从事时装设计、舞台美术布景。叶浅予的服装设计作品十分丰富，具有中西合璧的特点。他与友人共同成立了一家“上海时装研究社”，并在《良友》《玲珑》等杂志上以服装画的形式发表了大量设计作品。叶浅予的女装设计，以简洁、新颖、多变为特点。叶浅予曾回忆道：“除此（漫画）而外，我有时画点妇女时装设计图，因而受到云裳时装公司的聘请当了一段时期的时装设计师。这个新职业等于唱京戏玩儿票，自得其乐而已，可也发生了社会影响。”

叶浅予喜欢设计旗袍，对旗袍的图案选择兼顾季节的变化及色彩的和谐，并搭配以合适的背心或围巾。他敏锐地捕捉到了民国时期服饰时尚中的“中西合璧”和“中西趋同”的特点，认为20世纪初至20年代末旗袍的演化过程为“点缀品的逐渐减去”，并把他的设计通过绘画的形式传播开来。这正与20世纪30年代前后的“西风东渐”潮愈演愈烈的社会环境相一致。1928年10月，他为《良友》杂志设计的若干款冬季女性服装样稿，一般是内穿旗袍，外罩各式大衣或斗篷，在大衣或斗篷的袖口和领子上配有裘皮，反映了当时旗袍的下摆逐渐上移的趋势。

连衣裙是20年代一部分留学生及文艺界、知识界人士留学带回中国的，30年代穿着者渐多，样式也不断丰富起来，成为上海流行一时的时装。叶浅予设计的几种连衣裙式样，如深黑的背心连衣裙、衣裙一体的朴素的蓝布衫裙，都体现了简洁新颖的设计思想，在衣、袖、腰、裙各部位的处理上充分发挥创造力，宽、紧、长、短错落有致，制造出一种夸张的艺术效果。他的运动装设计更是注重服装的实用性，如“网球裙”，通常采用腰部以下束紧的样式，并通过开领、短袖、短裙、收腰的款式设计，来发挥运动时的跑、跳、挥臂等四肢运动，一改传统女性柔媚娇弱之状态，造就了新时代女性的服饰形象。

良友　第十三期　實用的裝束美

實用的裝束美

图 9-1　实用的装束美（选自《良友》1927 年第 13 期）

图 9-2　初夏新装（选自《玲珑》1932 年第 52 期）

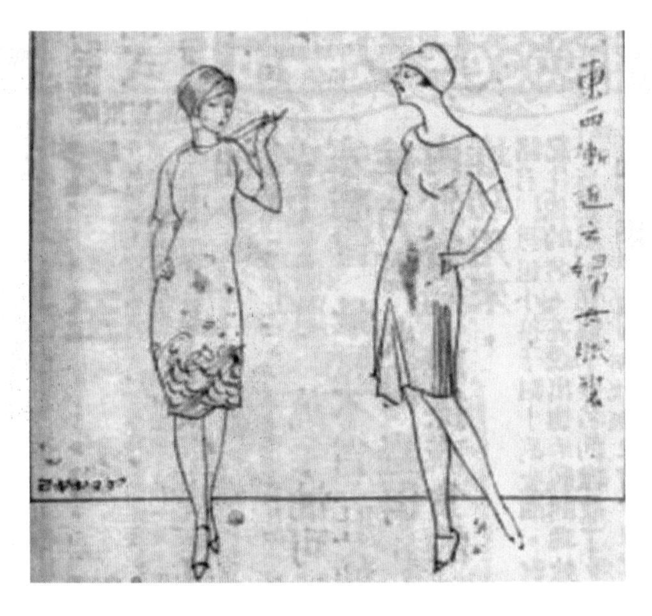

图 9-3　东西渐近之妇女服装 （选自《上海画报》 1928 年第 318 期）

图 9-4　中年妇女·少女·新装束 （选自《良友》1928 年第 25 期）

图 9-5　冬季妇女新装图（选自《良友》1928 年第 31 期）

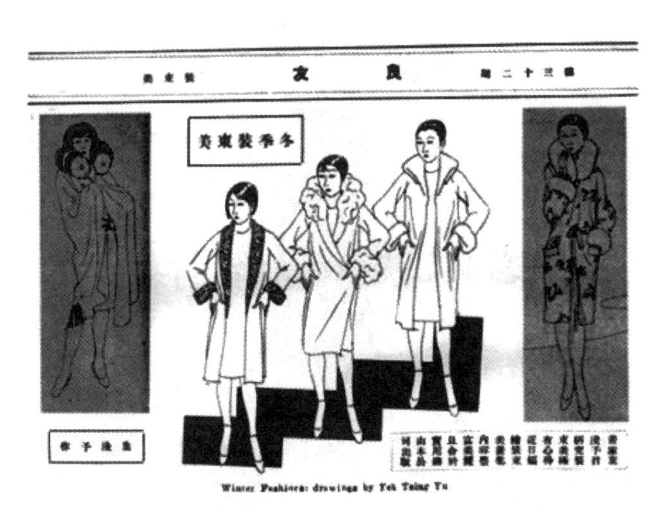

图 9-6　冬季装束美（选自《良友》1928 年第 32 期）

图 9-7　冬季妇女新装（选自《玲珑》1931 年第 1 卷第 40 期）

图 9-8　春装（选自《玲珑》1932 年第 1 卷第 48 期）

图 9-9　小姐们的马褂（选自《玲珑》1931 年第 1 卷第 31 期）

图 9-10　夏令便装及晚装（选自《玲珑》1932 年第 2 卷第 55 期）

图 9-11　黑与白（选自《玲珑》1932 年第 2 卷第 59 期）

图 9-12　妇女新装（选自《玲珑》1931 年第 1 卷第 18 期）

图 9-13　初秋新装　(选自《玲珑》1931 年第 1 卷第 25 期)

图 9-14　冬季大衣的时装　(选自《玲珑》1932 年第 2 卷第 43 期)

图 9-15 两接衫 （选自《时代》1930 年第 4 期）

图 9-16 化装的艺术 （选自《玲珑》1932 年第 2 卷第 42 期）

图 9-17　大衣之新倾向 （选自《玲珑》1932 年第 2 卷第 77 期）

图 9-18　妇女新式外衣又一种 （选自《玲珑》1932 年第 2 卷第 45 期）

图 9-19 秋之长袍 （选自《玲珑》1931 年第 1 卷第 30 期）

图 9-20 少女夏装 （选自《玲珑》1932 年第 2 卷第 61 期）

图 9-21　废领旗袍　（选自《玲珑》1932 年第 2 卷第 54 期）

图 9-22　黑白图案　（《上海漫画》1928 年第 6 期）

图 9-23　新春的皮大衣（选自《玲珑》1932 年第 2 卷第 47 期）

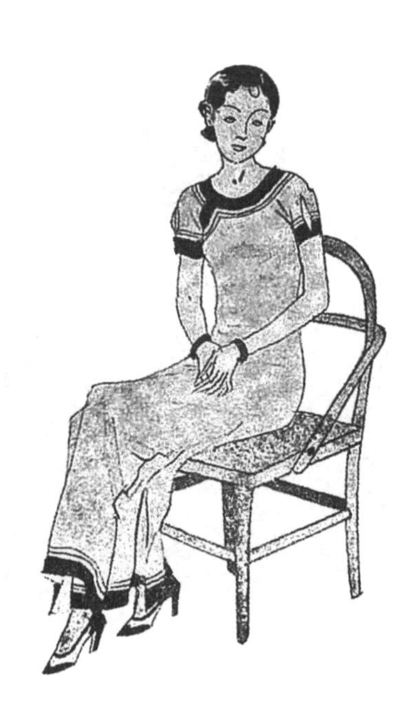

图 9-24　新装（选自《玲珑》1932 年第 2 卷第 60 期）

图 9-25　旗袍外之背心　（选自《玲珑》1932 年第 2 卷第 51 期）

图 9-26　清爽的校服　（选自《玲珑》1932 年第 2 卷第 64 期）

图 9-27　短外套（选自《玲珑》1932 年第 2 卷第 68 期）

图 9-28　秋之新装（选自《玲珑》1932 年第 2 卷第 66 期）

图 9-29　夏季新衣　（选自《玲珑》1933 年第 1 卷第 17 期）

方雪鸪的服装设计图

方雪鸪，现代漫画家。20 世纪 20 年代考入上海美术专科学校，1923 年在上海参与创办白鹅画会。1928 年白鹅绘画研究所成立，指导培养学生 2000 余人。他也致力于艺术教育，尤其是对业余人士的绘画教学，并通过出版画册、创办刊物等途径传播艺术知识。新中国成立后在中国美术学院华东分院等校任教。

方雪鸪任《美术杂志》的主编，在《美术杂志》上辟有时装专栏，定期发表自己设计的时装作品和撰写的时装评论，向读者展示他的时装设计作品，并阐述他人性化的着装理念。如在 1934 年他连续发表了十余款中西合璧的女装设计图，切合腰身的旗袍，使体态愈发婀娜多姿的高跟皮鞋，以及各种各样的皮大衣等是他设计的主题。他在设计服装上既考虑气候变化，又兼顾服装的颜色、式样、质料之间的相互关系。他说：“（服装）在美丽、实用之外还需要的是个性。”他建议凡是中西合璧的女装，如“切合腰身的旗袍”，都要配上“能使体态愈发婀娜多姿的高跟皮鞋及各种各样的皮大衣等”，这样会产生最佳的组合效果。

他在1934年1月发表于《美术杂志》上的《新装束》，服装的款式是中西式旗袍，外罩西式大衣，衣褶、质感和投影、高光等，均由明暗关系来交代；画面还用铅笔擦出背景，是典型的西洋素描的画风。他在设计稿旁以文字说明穿着对象：“短的外衣，是一般适合年龄较轻，而举动活泼，又以身材较矮的姑娘们为佳。另外一种当然是适合于相反地位的妇女们。”

《夏季的新装》发表于1939年第7期的《新新画报》，采用东方的旗袍与西式短外套、高跟鞋的组合。旗袍的元宝领、大襟、高衩属于中国元素，但外来的公主线沿前胸婉转而下，为了凸显它，还以此为界安排了异色镶拼。方雪鸪20世纪30年代设计的旗袍，或吸收了西式连衣裙的特点而夸大下摆，或在衣袖上增添很洋化的一段一段的裘皮装饰，或在领、肩处披上有蝴蝶结的围巾，但并未改变旗袍的本色。

图9-30　春季新装（选自《良友》1931年第55期）

图 9-31　夏秋新装（选自《良友》1940 年第 49 期）

图 9-32　秋季新装（选自《良友》1930 年第 50 期）

图 9-33　冬季新装（选自《良友》1931 年第 53 期）

李珊菲的服装设计图

李珊菲是活跃于民国时期的上海女画家，《北洋画报》曾在 20 世纪 20 年代末期连续发表过她的新式服装效果图。她设计的改良旗袍，款式新潮、洋化而富于变化。她设计的大衣，以西式服装造型为蓝本，糅合了中式服装特别是旗装的一些特点而更见新意，更符合人们的审美趣味。

图 9-34　新式旗袍　（选自《北洋画报》1927 年第 52 期 ）

图 9-35　长马甲　（选自《北洋画报》1927 年第 54 期 ）

图 9-36　春天的旗袍 （选自《北洋画报》1927 年第 62 期 ）

图 9-37　礼服（1） （选自《北洋画报》1927 年第 56 期 ）

图 9-38　礼服（2）　（选自《北洋画报》1927 年第 60 期 ）

图 9-39　礼服大衣　（选自《北洋画报》1927 年第 53 期 ）

图 9-40　女士时装画（1）　（选自《北洋画报》1927 年第 78 期 ）

图 9-41　女士时装画（2）　（选自《北洋画报》1927 年第 80 期 ）

万籁鸣的服装设计图

万籁鸣（1900—1997），原名万嘉综，出生于上海。擅长电影动画、中国画。早年从事美术编辑、中西画研究和卡通画设计绘制工作，探索以中国画形式制作动画片，是我国早期美术片的开拓者之一。

万籁鸣 1928 年为《良友》杂志设计若干新式旗袍样稿。当时西洋盛行短裙，中国从 1927 年起，旗袍长度不断缩短，到 1930 年旗袍下摆几乎与膝盖齐平，袖口也逐渐缩短，万籁鸣的这一组设计正是对这一趋势的反映。画中女性所穿的旗袍为高领、收腰，兼有中国传统服饰的典雅和欧美流行服饰展示女性身体特征的优点，配以高跟皮鞋及披风、围巾等饰物，极富美感。

万氏兄弟万籁鸣、万古蟾、万超尘和万涤寰四人在美术方面有共同的爱好，是中国动画片的鼻祖。万籁鸣凭借着扎实的艺术功底和独特的感悟力，在早年的艺术生涯中创造了大量的服装画作品，从其作品中可以看到保尔·波阿莱的“陀螺裙”的意象。从作品的绘画风格来看，万氏深受 19 世纪末期到 20 世纪初期西方新艺术运动的影响，作品充满了装饰的意味，很容易让人联想起同一时期西方的时装画大师艾德的作品。

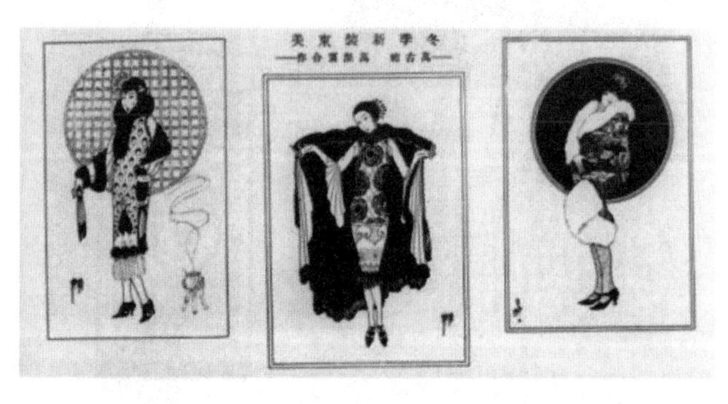

图 9-42　冬季装束美 （与古蟾、涤寰合作）（选自《良友》1927 年第 22 期 ）

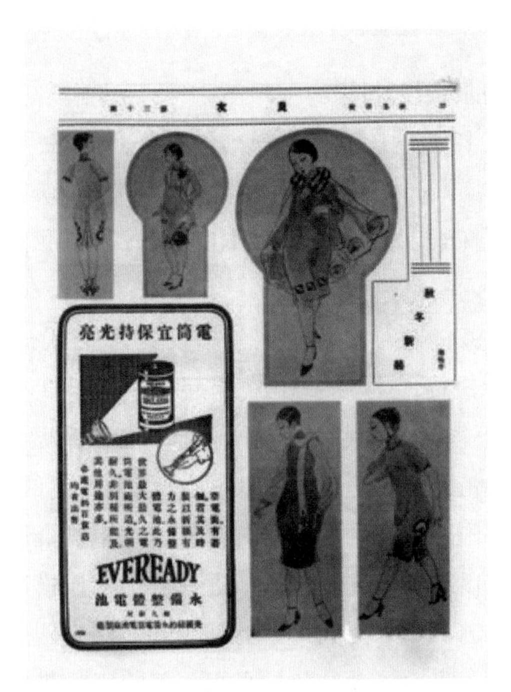

图 9-43　秋冬新装（选自《良友》1928 年第 30 期）

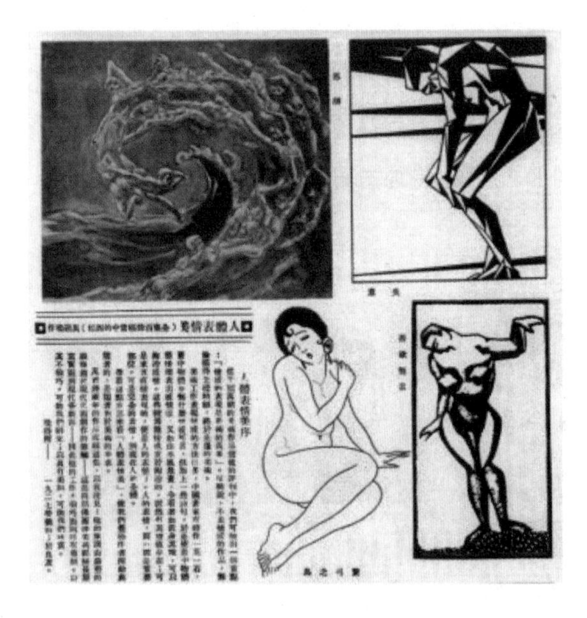

图 9-44　人体表情美（选自《良友》1927 年第 15 期）

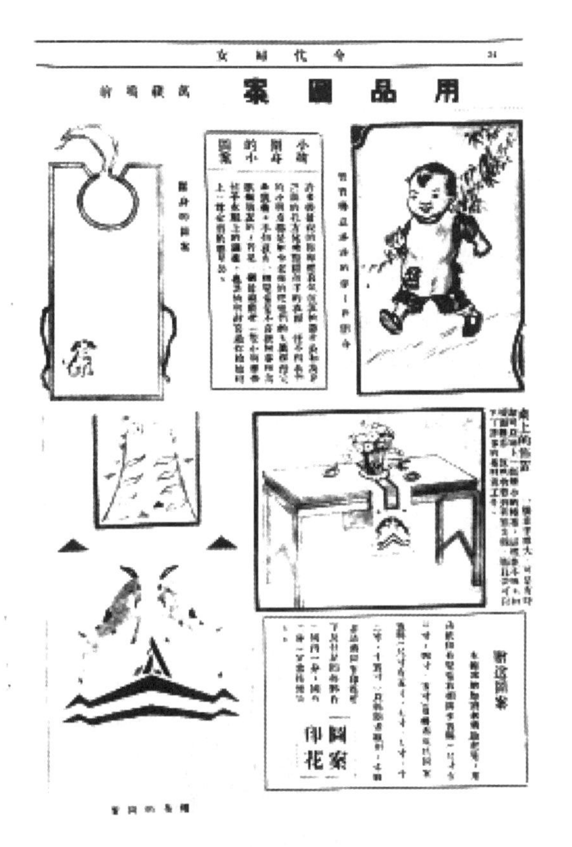

今代婦女 34

用品圖案

萬籟鳴 繪

小孩圍身的小圖案

圍身的圖案

桌上的佈置

附設圖案

印花圖案

图 9-45　小孩围身的图案（选自《今代妇女》1930 年第 13 期）

胡亚光的服装设计图

胡亚光（1901—1986），浙江杭州人，胡雪岩曾孙，擅长诗文与中西绘画。初师从张聿光习西画，油画有法国马蒂斯的风格，与张光宇、谢之光、姚吉光等为同学。他于1923年创办亚光绘画研究所、杭州暑期绘画学校，培养美术青年。胡亚光的作品《时装》发表于1927年4月的《北洋画报》，款式为一袭旗袍，以线条勾勒出款式、结构和衣纹，胸前加类似于“补子”的纹样，下摆处的装饰纹样也用线描画出来，两只衣袖和皮鞋的镶色均为深色，用黑色做平涂处理，衣袖上则以留白来体现衣纹。

图9-46　时装　（选自《北洋画报》1927年第77期）

图 9-47　海上新装　（选自《良友》1926 年第 4 期）

江栋良的服装设计图

江栋良（1911—1986），别名义夫，江苏苏州人，世居上海。现代连环画家、插图画家、漫画家。20 世纪三四十年代，江栋良是上海活跃的插图画家和漫画家之一，常在《上海漫画》《独立漫画》《时代漫画》等刊物上发表漫画作品。1949 年后，他先后在上海新美术出版社、上海人民美术出版社从事连环画专业创作，画风带有漫画笔意。代表作有《甲午海战》等。

图 9-48 上海妇女服装沿革 （选自《永安月刊》1939 年第 8 期 ）

张碧梧的服装设计图

张碧梧（1905—1987），江苏江阴人，14 岁入先施公司当练习生，后入永安公司任职员。自学绘画，曾为上海的艺辉、徐胜记、正兴、环球等印刷厂绘制月份牌画。张碧梧作品《晨装》发表于 1939 年的《永安月刊》第 6 期。作品中的女子内着吊带背心裙，外罩裘皮领大衣，足踏高跟拖鞋，服装的造型与饰物搭配也都是西式的。他以几个不同层次的“灰面”来表达裘皮、丝绸等不同质地，还在裙摆处用线条排成暗面充当投影。这种明暗画法显然是由西洋素描技法脱胎而来。

图 9-49　晨装　（选自《永安月刊》1939 年第 6 期 ）

图 9-50 中秋便装 （选自《永安月刊》1939 年第 6 期 ）

图 9-51 新婚礼服 （选自《永安月刊》1939 年第 8 期）

图 9-52　舞装 （选自《永安月刊》1939 年第 9 期 ）

张爱玲的服装设计图

张爱玲（1920—1995），本名张煐。1920 年 9 月 30 日出生在上海。张爱玲家世显赫，祖父张佩纶是清末名臣，祖母李菊耦是朝廷重臣李鸿章的长女。张爱玲一生创作了大量文学作品。1973 年，张爱玲定居美国洛杉矶，1995 年病逝。

张爱玲对服装情有独钟，家世的显赫使得她家里珍藏着清代到民国不同时期的代表性服饰与照片；生活的阅历与体验使她对服饰有着痴迷的眷恋与表达。她不只写出了史论性的长篇文字，绘制出从清代到民国 300 年来文献式的服装画，还即兴创作了大量颇有意趣的服装漫画作为插图。她文献式的服装画可与历史文物一一对应，细节真实，具备特有的历史意味。图注除《传奇》封面为编著者添加外，其余均选自张爱玲原文说明。

图 9-53　时装仕女图　（1）（选自《流言》1944 年）

张爱玲在其《传奇》1946 年版增订本上使用女友炎樱设计的封面图。画面是一个晚清女人独自在玩骨牌，旁边坐着抱小孩的奶妈。

图 9-54　时装仕女图（2）（选自《传奇》1946 年增订本）

袄领圈很低，外面的衣服是罩住大袄的云肩背心。下着宽大的裤子。

图 9-55　“1650—1890 年”流行的中国女装（选自张爱玲《中国人的生活与时装》，上海英文刊 The 20th Century 第 4 卷第 1 期，1943 年）

长袄的直线延长至膝盖为止，下面虚飘飘垂下两条窄窄的裤管，似脚非脚的金莲轻轻踏在地上。长袄的领子为元宝领。

图 9-56 元宝领袄（选自张爱玲《中国人的生活与时装》，上海英文刊 The 20th Century 第 4 卷第 1 期，1943 年）

修额亦称“开面”“挽面”，这种习俗原流行于江浙地区，女子出嫁前，请人用丝线绞除脸面上的汗毛，修齐鬓角。现已转变为美容的一种方式。

图 9-57 Shaving the fore-head（修额）（选自张爱玲《中国人的生活与时装》，上海英文刊 The 20th Century 第 4 卷第 1 期，1943 年）

1921年，女人开始穿上了长袍。这种长袍是满族女人的原创。

图9-58 1921年的长袍（选自张爱玲《中国人的生活与时装》，上海英文刊The 20th Century 第4卷第1期，1943年）

喇叭管袖子飘飘欲仙，露出一大截玉腕。短袄腰部极为紧小。这是上层阶级的女人出门系裙。

图9-59 民国初年的时装（选自张爱玲《中国人的生活与时装》，上海英文刊The 20th Century 第4卷第1期，1943年）

20年代末服装风格变得“简洁”“紧凑”，袖子狭长的旗袍，流行又圆又细的线滚。

图9-60 “旗袍 Late 1920’”（选自张爱玲《中国人的生活与时装》，上海英文刊 The 20th Century 第4卷第1期，1943年）

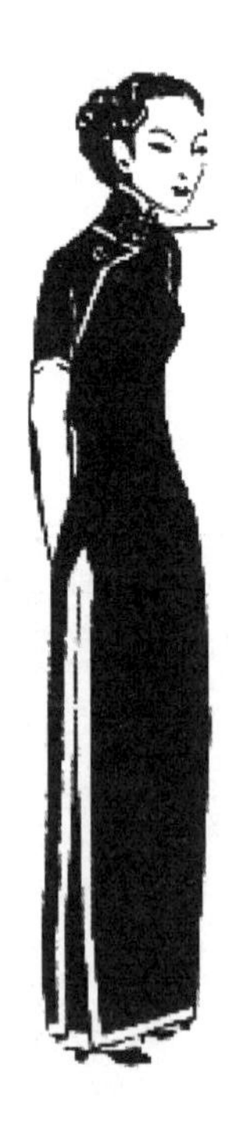

30年代，袖长及肘，衣领又高了起来的旗袍。

图9-61 “旗袍 1930’”（选自张爱玲《中国人的生活与时装》，上海英文刊 The 20th Century 第4卷第1期，1943年）

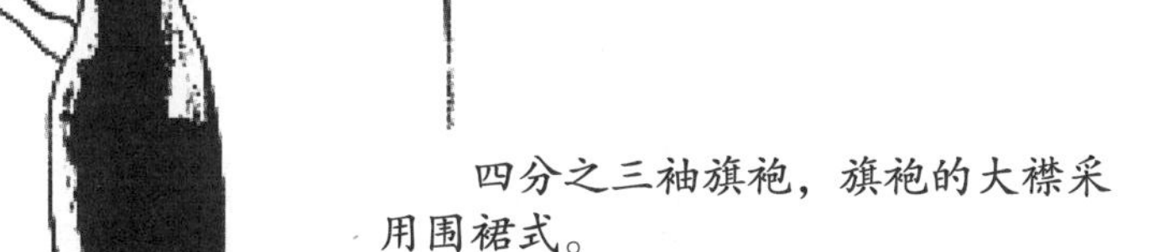

四分之三袖旗袍，旗袍的大襟采用围裙式。

图 9-62 “旗袍 1942 年”（选自张爱玲《中国人的生活与时装》，上海英文刊 The 20th Century 第 4 卷第 1 期，1943 年）

废除衣袖的旗袍，露出颈项、两臂与小腿。

图 9-63 废除衣袖的旗袍（选自张爱玲《中国人的生活与时装》，上海英文刊 The 20th Century 第 4 卷第 1 期，1943 年）

元宝领窄袖式长袄，属于大家闺秀衣饰，一般配长裙。

图 9-64 清末时装 （选自《流言》，上海五洲书报社，1944 年）

这双鞋的鞋面用刺绣添加了纹饰，属于上海三四十年代流行的尖头绣花鞋。

图 9-65 烟鹂的鞋 （选自《杂志》第十三卷第四期，1944 年 7 月）

画面中近处的女子，穿着毛茸茸的服装，代表着其身份的高雅和富贵。一九三几年正是风行这种外套的鼎盛时期。

图9-66　“一九三几年”（原载《流言》，上海五洲书报社，1940年）

张竞生的服装设计图

张竞生（1888—1970），原名张江流、张公室，广东饶平人。20 世纪二三十年代中国思想文化界的风云人物，哲学家、美学家、性学家、文学家和教育家。张竞生 33 岁时受蔡元培之邀到北京大学任哲学教授，专门开设性心理和爱情问题讲座。他的讲义《美的人生观》被印成册在北京大学广为流传，其中涉及他对服装改进与设计的服装画数幅。周作人曾在《晨报副刊》撰文称赞："张竞生的著作上所最可佩服的是他的大胆，在中国这病理的道学社会里高揭美的衣食住以至娱乐的旗帜，大声叱咤，这是何等痛快的事。"鲁迅当年曾言："张竞生的主张要实现，大约当在 25 世纪。"而早被淡忘了的张竞生的服装画意义在今天来看更加厚重。他是怀着改造中国、以美以服装重铸中国形象的目的来绘制服装新图的。

图 9-67 服装设计图（1） （选自《张竞生文集·美的人生观》，广州出版社，1998 年）

图 9-68　服装设计图（2）　（选自《张竞生文集·美的人生观》，广州出版社，1998 年）

图 9-69　服装设计图（3）　（选自《张竞生文集·美的人生观》，广州出版社，1998 年）

图 9-70　服装设计图（4）　（选自《张竞生文集·美的人生观》，广州出版社，1998 年）

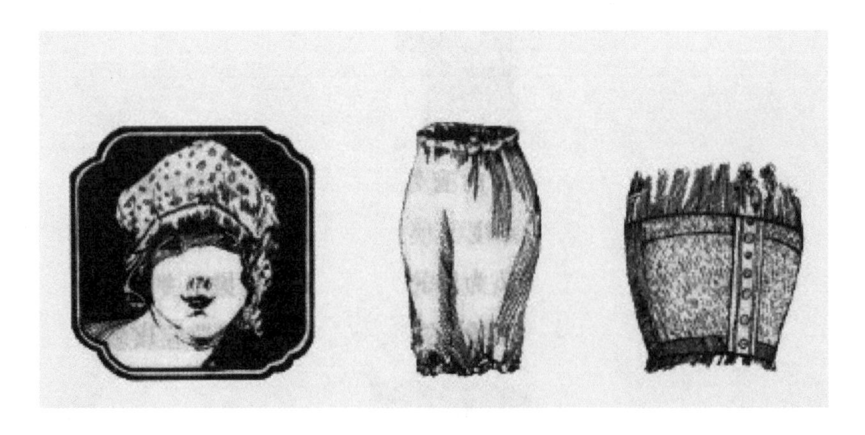

图 9-71　服装设计图（5）　（选自《张竞生文集·美的人生观》，广州出版社，1998 年）

刘元风的服装设计图

刘元风，1956 年 11 月生，河北沧州人。1982 年 2 月毕业于中央工艺美术学院染织设计专业，曾任北京服装学院院长。教授、博士生导师。多年来从事服装设计、时装画技法、服装设计教学与理论研究工作。先后出版《时装画技法》《服装设计学》《服装人体与时装画》《现代时装画——刘元风画集》等多部专著，在相关刊物发表专业论文 50 多篇。

刘元风教授在服装设计教学与科研上取得丰硕成果的同时，在服装设计方面也屡获殊荣。他创作的服装画对全国服装院校的学生有着普遍的影响。他的作品线条轻松洒脱，造型写实，结构清晰，色彩沉稳淡雅，风格独特。由他设计的《中原魂》《敦煌》《彩陶》《宇宙》《江南风情》等作品在当代中国服装设计中颇为出彩。

图 9-72　综合表现的时装画（选自《时装画技法》，高等教育出版社，1994 年）

图 9-73　表现裘皮服装的时装画 （选自《时装画技法》，高等教育出版社，1994 年）

图 9-74　不规则线的表现图例（选自《时装画技法》，高等教育出版社，1994 年）

图 9-75　规则线的表现图例（选自《时装画技法》，高等教育出版社，1994 年）

邹游的服装设计图

邹游，重庆人。1994 年毕业于北京服装学院服装专业。北京服装学院服装艺术与工程学院副院长、教授、硕士生导师，中央美术学院博士，中国服装设计师协会理事，北京市服装协会服装设计师分会理事，北京创意设计协会理事，中国时装十佳设计师。曾获得 2000 年第八届“兄弟杯”中国国际青年设计师大奖赛金奖。他所绘制的时装画强调设计思维的快速表达，既有艺术感，又清晰地表达了服装的款式结构特征，线条流畅，风格鲜明。

图 9-76　时装画（1）　（选自《时装画技法》，中国纺织出版社，2009 年）

图 9-77　时装画（2）（选自《时装画技法》，中国纺织出版社，2009 年）

图 9-78　时装画（3）（选自《时装画技法》，中国纺织出版社，2005 年 9 月）

参考文献

[1] 曾公亮，丁度 . 武经总要 [M]. 明万历刻本 . 金陵：金陵书林唐富春 .

[2] 陈祥道 . 礼书 [M]. 宋刻本 .

[3] 聂崇义集注 . 新定三礼图 [M]. 北京：清华大学出版社，2006.

[4] 陈元靓 . 事林广记 [M]. 元刻本 . 建安：椿庄书院 .

[5] 龚端礼 . 五服图解 [M]. 元刻本 . 元杭州路儒学 .

[6] 王圻，王思义 . 三才图会 [M]. 明万历刻本 . 上海图书馆藏 .

[7] 章达 . 五经图 [M]. 刻本 . 1614(明万历四十二年).

[8] 陈仁锡 . 八编类纂六经图 [M]. 明天启刻本 . 北京大学图书馆藏 .

[9] 朱卫珣 . 汝水巾谱 [M]. 刻本 . 1633(明崇祯六年).

[10] 黄宗羲 . 深衣考 [M]. 借月山房汇钞，清嘉庆张海鹏辑刊本 .

[11] 朱舜水 . 朱氏舜水谈绮 [M]. 上海：华东师范大学出版社，1988.

[12] 江为龙 . 朱子六经图 [M]. 清康熙刻本 .

[13] 陈梦雷等 . 古今图书集成 [M]. 上海：中华书局，1934.

[14] 允禄，蒋溥，等 . 皇朝礼器图式 [M]. 摛藻堂四库全书荟要史部 200.

[15] 百苗图．版本不可考．

[16] 蛮苗图说 [M]．早稻田大学藏本．1954(日本昭和二十九年)．

[17] 皇清职贡图 [M]．清乾隆二十六年刊本．

[18] 中川忠英．清俗纪闻 [M]．北京：中华书局，2006．

[19] 江永．乡党图考 [M]．文渊阁四库全书 0210 册．

[20] 黄以周．礼书通故 [M]．定海黄氏试馆刊本．1893(清光绪十九年)．

[21] 清民间艺人．北京民间风俗百图 [M]．北京：书目文献出版社，1983．

[22] 吴友如．海上百艳图 [M]．长沙：湖南美术出版社，1987．

[23] 丁詧盦．现行法令全书 [M]．北京：中华书局，1921—1923．

[24] 威廉•亚历山大．中国人的服饰和习俗图鉴 [M]．杭州：浙江古籍出版社，2006．

[25] 弗里德里希•希夫．海上画梦录 [M]．北京：中国人民大学出版社，2005．

[26]《良友》画报全编 [M]．北京：国家图书馆出版社，2011．

[27] 周世勋等．《玲珑》[M]．上海：华商三和公司出版部，1931—1937．

[28] 沈建中．时代漫画 [M]．上海：上海社会科学院出版社，2004．

[29] 张竞生．张竞生文集[M]．广州：广州出版社，1998.

[30] 张燕风．老月份牌广告画[M]．台湾：汉生杂志社，1994.

[31] 止庵，万燕．张爱玲画话[M]．天津：天津社会科学院出版社，2003.

[32] 丰子恺．丰子恺漫画选[M]．北京：知识出版社，1982.

[33] 丁聪．古趣一百图[M]．北京：生活·读书·新知三联书店，1987.

[34] 郭建英．建英漫画集[M]．上海：良友图书公司，1934.

[35] 刘元风．时装画技法[M]．北京：高等教育出版社，1994.

[36] 邹游．时装画技法[M]．北京：中国纺织出版社，2009.

[37] 张志春．中国服饰文化[M]．北京：中国纺织出版社，2001.

后记

初冬，银杏叶从北到南蔓延，一片金黄。书稿任务如期完成，心中感慨万物的节奏，一年又半载倏忽而过。对于中国服装画，近些年我一直都在关注，也常常思考这个话题的内容架构、如何断代、以及图片选择等问题，逐步有了中国服装画脉络体系的雏形。服装简形的记录最早出现在远古的洞穴岩画中，那是出于人类原始本能的线条刻画，发展到后来的自觉服装形象描绘，这中间经历了一段漫长的历程，其间生成了许多不同创作动机的作品。在汇集资料的过程中，服装的形制与礼制演变在图绘中的发展脉络逐渐清晰。2018 年 7 月，我在前期汇集资料的基础上开始构思《中国服装画》一书的编排，梳理一卷一卷图集，处理一张一张画稿。书中所选的 600 多张图片慢慢由视觉形象演化上升为服装史的发展轨迹，从古到今，像一部服装史纪录片。一幅幅作品在古今典籍、人物故事里架起一座又一座桥梁，以文献及文人设计师笔下的服饰图画贯通古今。

今年 7 月，正值西安高温，初稿完成后与陕西人民美术出版社的编辑约见，讨论书稿的细节调整。编辑对内容和格式提出了具体的修改建议，有新的变动，也有新的补充。修订过程中随着资料的增加，收集的服装画信息越来越丰富，也想过在其中加入其他表现形式的服装画，但考虑到最初的服装画定义范畴，最终选定现有的汇编资料，只在古代部分加入戏曲服装画，近现代部分加入院校设计师的代表作品，以期体系和内容上更加完整。邹游先生获悉后极力赞同，以为中国服装画这一系统应该梳理。谢谢邹先生。这期间也有颇多困难、颇多斟酌，如前辈丰子恺先生、丁聪先生等的服装漫画令人敬重，多方联系其后人而不得；如当代刘元风诸先生的服装画令人喜爱而亦未能取得联系。这些服装画放弃吧又爱不忍释，似觉他们在这一领域的卓越贡献不应被湮没，中国服装画史中这一块也不应空白。在中国服装画史上，他们理应占有更大的篇幅和更重要的位置，这里只好象征性地各选几幅向他们致敬。

服装画在服装专业院校是一门专业基础课，以训练学生对服装与人体关系的认识与表达并运用一定的技法表现服装为目的。而中国服装画史是时间维度上古与今的跨越，以自主表现服装为目的，将古今服装画梳理成一个完整的体系，旨在让读者从中看到服装的历史、文化的多样形式和其表示的多重意义。服装画与历史相互贯通，面对这些跨时空的服装样式，也会引出更多的思索。在陆陆续续调整书稿内容的过程中，每调整一遍都有新的收获，追溯到源头去看服饰文化变易的根源和景象，又将目光带到新的方向和领域，深刻体会到了服饰文化的广度、深度与趣味。

在《中国服装画》一书出版之际，感谢陕西人民美术出版社总编辑雷波先生、编审高立民先生一直跟进本书的进度，并对书稿的体例和细节改善给予颇多指正；感谢编辑白雪女士、尹乐女士沉浸于书稿的推敲与校正；感谢宋亮亮、朱晓宇和施筱萌诸君在服装画研究领域所做的工作；同时也要感谢家人的关怀与支持。有了这些支持与帮助，这本书才能顺利地如期呈现给读者朋友。心中对服饰文化一直有一份情怀，服饰文化仍有若干的支脉与散落的点值得探究钻研，我们觉得这是一个阶段的结束，也是新的开始。

期望朋友们读完本书，脑海中能生成一份中国服装画发展的思维导图——画中的历史、画中的礼仪制度、画中的风尚审美、画中的服饰类别，是怎样在历史时空中交织、变迁、延续下来的。从更多视角更多维度来审视服装画，还会有新的发现和构思，中国服装画的内容也会越来越丰盈，体系将会越来越完整全面。书中不足之处，敬请读者朋友们批评指正。

编著者

2019年11月